中等职业教育大数据技术应用专业系列教材

大数据应用技术基础

DASHUJU YINGYONG JISHU JICHU

主　编　周宪章　黄文胜

副主编　曹小平　李　娟　陈　继

重庆大学出版社

图书在版编目（CIP）数据

大数据应用技术基础 / 周宪章，黄文胜主编. -- 重庆：重庆大学出版社, 2023.5

中等职业教育大数据技术应用专业系列教材

ISBN 978-7-5689-3794-8

Ⅰ. ①大… Ⅱ. ①周…②黄… Ⅲ. ①数据处理－中等专业学校－教材 Ⅳ. ①TP274

中国国家版本馆CIP数据核字（2023）第050512号

中等职业教育大数据技术应用专业系列教材

大数据应用技术基础

主编 周宪章 黄文胜

责任编辑：章 可 版式设计：章 可

责任校对：谢 芳 责任印制：张 策

*

重庆大学出版社出版发行

出版人：饶帮华

社址：重庆市沙坪坝区大学城西路21号

邮编：401331

电话：（023）88617190 88617185（中小学）

传真：（023）88617186 88617166

网址：http://www.cqup.com.cn

邮箱：fxk@cqup.com.cn（营销中心）

全国新华书店经销

重庆新华印刷厂有限公司印刷

*

开本：787mm × 1092mm 1/16 印张：11 字数：236千

2023年5月第1版 2023年5月第1次印刷

ISBN 978-7-5689-3794-8 定价：39.00元

前言

在当今高速发展的信息社会里，人们清楚地认识到大规模数据蕴藏的价值，大数据已然成了企业组织的又一重要资产，掌握运用大数据的能力则成为企业组织的重要社会竞争力。大数据技术迅速成为各行各业追逐的热门技术，由此造成了大数据技术人才的稀缺。为培养大数据技术紧缺人才和满足企业对人才的梯级需求，完善大数据人才培养体系，教育部在2021年发布的《职业教育专业目录》中，为高等职业教育本科、高等职业教育专科和中等职业教育分别新增了大数据工程技术、大数据技术和大数据技术应用专业。2021年全国职业教育大会指出，要一体化设计中职、高职专科、本科职业教育培养体系，深化“三教”改革，“岗课赛证”综合育人，提升教育质量。2021年中共中央办公厅、国务院办公厅印发的《关于推动现代职业教育高质量发展的意见》指出：“一体化设计职业教育人才培养体系，推动各层次职业教育专业设置、培养目标、课程体系、培养方案衔接。”这为职业教育进一步优化类型定位、强化类型特色，探索构建职业教育一体化人才培养体系指明了方向。为此，重庆市教育科学院职成所组织部分具有丰富教改经验和较强研究能力的中职学校、高职院校、职业教育本科院校、大数据企业和教育研究机构（校企研三元）以大数据专业建设为突破口，根据高素质技术技能人才的成长规律和培养目标，注重岗位标准向专业标准转化、专业标准向能力标准转化、能力标准向课程标准转化，开展“三阶贯通、循序渐进、通专融合”的一体化课程体系的整体构建，实现分段人才培养目标的有机衔接、课程内容和结构的递进与延展。对能力开发、教学标准、人才培养方案、课程标准、评价制度等进行一体化设计与开发，构建起中高本无缝衔接的“基础＋平台＋专项＋拓展”的一体化课程体系，为向社会各行业高效、高质地培养各级各类专业技术人才提供基本遵循。

大数据应用技术基础是职业院校中高本一体化课程体系中大数据应用技术专业的核心课程之一，本书是重庆市教育科学“十四五”规划2021年度重点课题“课堂革命下重庆市中职信息技术‘三教’改革路径研究”（课题编号：2021-00-285)以及重庆市教育委员会2022年职业教育教学改革研究重大项目“职业教育中高本一体化人才培养模式研究与实践”（项目编号：ZZ221017）的研究成果。

中等职业教育已从注重规模发展转变为走内涵发展之路，提高教学质量水平是内涵发展的重要内容，因此，以教材、教师、教法为内容的“三教”改革是中等职业教育改革的长期任务。中等职业教育经过多年的改革发展基本上形成了"以学生为中心、能力为本位"的职业教育理念，但要真正做到全面实施能力本位课堂教学模式，让学生在"做中学，学中做"，那么教材是基础，教师是根本，教法是途径。教材尤其是中等职业教育教材不应仅是知识的简单静态载体，必须是有教育思想、有灵魂的活教材。

本书在开发设计时，把"行动导向"教学法的先进理念融入教材中，基于工作过程导向课程设计思想安排教材内容，实现了工作内容与学习内容的有机统一，对于每个学习项目按照"行动导向"教学法的六个环节：资讯、计划、决策、实施、检查、评价组织教学内容，教材体例结构新颖，内容呈现形式简明、准确、层次分明、逻辑性强，为教师和学习者提供一种有别于传统教材的全新教法和学习体验，能有效促进教师改进教法，提升教学能力水平，促使学习者"做中学，学中做"，提高学习效益和学习获得感。

本书以广泛应用的开源大数据处理平台 Hadoop 作为大数据应用的教学平台，能及时反映大数据技术领域的新知识、新技术和新规范。在教材开发中，我们邀请重庆翰海睿智大数据科技股份有限公司的陈继总裁，重庆电子工程职业学院人工智能与大数据学院院长武春岭教授深度参与"大数据应用技术基础"课程标准开发，同时参考了教育部 1+X 项目"大数据平台管理与开发职业技能等级标准""大数据平台运维职业技能等级标准"的认证内容及要求，把课程的教学目标定位于培养大数据平台管理与运维（初级）所需要的职业素养和技能。教材案例来源于重庆翰海睿智大数据科技股份有限公司提供的真实项目，为适应教学需要作了适当的删减、修改和调整，能更有利于教师开展教学和学习者达成大数据平台管理与运维（初级）职业能力。教材内容由初识大数据技术、大数据平台搭建、大数据存储与管理、大数据商业应用四个项目组成。

项目一　初识大数据技术　介绍大数据库的基本概念和基本特性，大数据对未来社会的重大影响、大数据的典型应用领域和大数据生态系统，以及主流大数据技术框架的组成和特性。

项目二　大数据平台搭建　介绍了使用 Hadoop 框架及核心组件搭建大数据处理平台的技术流程，使学习者掌握 HDFS 系统中数据存取的基本方法，以及使用 ZooKeeper 协调各类服务和 YARN 管理资源的基本技能，具备大数据处理平台管理和运维的基础能力。

项目三　大数据存储与管理　介绍了在 Hadoop 平台上部署 HBase 数据库实现数据存储的方法，通过 Hive 实现数据处理的技术手段，以及使用 Sqoop 在大数据平台与传统关系数据库系统之间迁移数据的技术，促进学习者达成大数据管理和应用的基础能力。

项目四　大数据商业应用　介绍了大数据商业应用的数据处理流程与方法、数据可视化分析技术基础、大数据安全保护手段与措施和大数据应用案例，增强学习者对大数据技术应用的体验，使学习者树立进一步学习大数据技术的信心和运用大数据技术为经济社会服务的信念。

参加本书开发设计和编写工作的人员有重庆市教育科学院职成所教研员周宪章，重庆市商务学校黄文胜，重庆科创职业学院曹小平，重庆市九龙坡区职业教育中心李娟，重庆翰海睿智大数据科技股份有限公司陈继。

本书由周宪章、黄文胜任主编，曹小平、李娟任副主编。项目一由周宪章编写，项目二由黄文胜与曹小平合作编写，项目三由黄文胜编写，项目四由李娟编写。重庆翰海睿智大数据科技股份有限公司陈继为教材提供行业技术支持，并检查了教材内容。

编者以审慎的态度对待编写工作的每个细节，但书中仍可能有不足之处，我们将虚心接受专家和读者的批评、指正。联系方式：hungws@21cn.com

编 者

2023 年 1 月

目 录

初识大数据技术

在数字经济时代，任何一个组织和企业都不能无视数据在管理和经营中的重要作用。谁能把握大数据带来的发展机遇，谁就能引领行业，为企业发展带来广阔的发展空间。亿思科技公司致力于为企业提供数据技术服务，帮助企业提升业务水平和市场价值。大山是公司的一名售前工程师，为拓展数据技术服务市场，他将向信息基础薄弱的企业提供大数据技术咨询服务。

在本项目中，他将提供以下技术资讯：

◆ 大数据的概念和基本特性

◆ 大数据对未来社会的重大影响

◆ 大数据的典型应用

◆ 企业面对的大数据产业链

任务一　介绍大数据的价值

资 讯

--- 任务描述：

景泰木材加工厂是当地一家具有一定规模的木材原料加工厂，主要从事建筑和家具行业使用的木方、木板、龙骨等基础木料的加工，其产品供不应求。但近两年，由于市场竞争日趋激烈，客户需求多样化，景泰木材加工厂多次发生产品积压、购入的原木品类不满足客户需求、业务量明显下滑等情况。为扭转当前不良的经营现状，管理层决定引入大数据技术来优化生产经营流程，提升市场服务能力。景泰木材加工厂委托亿思科技公司为其提供资讯服务，公司派大山负责该项目，需要向企业提供下列关于大数据技术的相关信息：

①大数据的基本概念和特性；

②大数据背景下思维方式的变革；

③大数据的典型应用；

④大数据产业结构。

--- 知识准备：

一、大数据的概念和特性

1. 大数据的概念

大数据（Big Data）是指数据规模大、数据类型多、变化速度快、价值密度低的一类数据集合。

2. 大数据的特点

（1）数据量大（Volume），数据通常以 PB 计量。常用的数据量单位及换算见表 1-1。

表 1-1　数据量单位及换算

数据量单位	相邻单位关系
字节 Byte（B）	1 Byte=8 bit
千字节 Kilobyte（KB）	1 KB ＝ 1 024 B
兆字节 Megabyte（MB）	1 MB ＝ 1 024 KB
吉字节 Gigabyte（GB）	1 GB ＝ 1 024 MB
太字节 Terabyte（TB）	1 TB ＝ 1 024 GB
拍字节 Petabyte（PB）	1 PB ＝ 1 024 TB
艾字节 Exabyte（EB）	1 EB ＝ 1 024 PB
泽字节 Zettabyte（ZB）	1 ZB ＝ 1 024 EB
尧字节 Yottabyte（YB）	1 YB ＝ 1 024 ZB

（2）类型多样（Variety），数据类型多样化，包含文字、图形、视频、声音、邮件、微博、位置、链接等，混合了结构化、半结构化和非结构化数据形式，见表 1-2。

表 1-2　各种类型的数据

类型	说明	示例
结构化	每个记录有固定的列，每列数据不可再分	关系数据库中的数据
半结构化	一般是纯文本数据，具有较规范的格式，每个记录可以有不同的列数	日志数据、XML、JSON 等
非结构化	一般是非纯文本数据，没有标准格式	富文本、图像、声音、视频、动画等

（3）处理速度快（Velocity），据统计分析，当前我国数据大约每年以 23 ZB（1 ZB 约为 1 万亿 GB）的速度增长。大数据应用要求基于快速生成的数据给出实时分析结果，通常要达到秒级响应，因此大数据应用需要高速数据处理能力。

（4）来源真实（Veracity），大数据来源于业务系统和感知系统，具有原生的真实性。

（5）价值密度低（Value），大数据中有价值的数据不足 10%，需要采用专门的技术从中提炼出有价值的信息。

二、大数据技术

大数据技术是指大数据的采集、存储管理、处理分析与数据安全保护的相关技术，它能从巨量数据中，快速获取有价值的信息和知识。

1. 数据采集

数据采集就是使用数据采集工具将分布的各种类型的数据从数据源中提取出来进行清洗、转换、集成，然后加载到数据存储。

2. 数据存储与管理

使用分布式文件系统、关系数据库、NoSQL 数据库、云数据库等存储技术，实现对结构化、半结构化和非结构化形式的巨量数据进行存储与管理。

3. 数据处理与分析

利用分布并行编程模型和计算框架，实现对巨量数据的处理和分析，并对分析结果进行可视化呈现。

4. 数据安全与隐私保护

构建隐私数据保护和数据安全体系，有力保护个人隐私和数据安全。

三、大数据计算模式

大数据源的类型特性和应用需求需要不同的计算模式，包括批处理、流计算、图计算以及查询分析。

1. 批处理

针对大规模数据的批量处理，这是数据分析中最常见的一种数据处理方式。MapRreduce计算框架是著名的大数据批处理技术，可并行执行大规模数据的处理任务。

2. 流计算

对于在时间上分布、数量上无限的动态流式数据，其价值将随时间而降低，需要采用实时计算方法及时响应。流计算可处理来自不同数据源的连续数据流，经实时分析，给出有价值的结果。Storm、S4、Puma是知名的流计算框架。

3. 图计算

流行疾病传播路径、舆情在社交网络中扩散等数据以大规模图的形式出现，这类数据计算需要采用图计算模式。目前的图计算框架有Pregel以及开源产品Giraph、GraphX等。

4. 查询分析

查询分析是大数据应用的重要方面，要求系统能提供实时响应来满足应用需求。Impala是可以在HDFS和HBase中实现快速查询PB级数据的查询引擎。

四、大数据产业的组成

企业开展大数据技术应用需要面对整个大数据产业群。大数据产业由提供大数据相关支撑技术和服务的企业及其经营活动组成，包括IT基础设施层、数据源层、数据存储层、数据分析层、数据平台层和数据应用层。

1. IT基础设施层

IT基础设施层由提供IT基础设施建设及技术服务的企业组成。它们提供企业组织建设数据中心需要的软、硬件和服务，如华为、浪潮、曙光等。

2. 数据源层

数据源层是大数据产业链的数据提供者，主要为互联网企业，包括电子商务网站、网络社交平台、搜索引擎公司，以及电信、政务、医疗卫生、教育、科研、交通、金融等机构。

3. 数据存储层

数据存储层由提供数据存储、管理服务的企业组成。它们通过提供数据库相关产品来支持企业的数据存储和管理，包括传统的关系数据库产品，如华为openGauss、武汉达梦、南大通用GBase等，以及分布式数据库系统或文件系统，如TiDB、OceanBase、Hadoop等。

4. 数据分析层

数据分析层主要是指提供分布式计算、数据挖掘、统计分析等服务的企业或产品，如传统的统计分析软件SPSS、SAS等，用于大数据分析的阿里采云间、百度统计、IBM的InfoSphere、谷歌的BigQuery。

5. 数据平台层

数据平台层是指提供数据分享平台、数据租售平台、数据分析平台等服务的企业或产品，如百度、阿里等。

6. 数据应用层

数据应用层是指运用大数据技术开展行业应用的企业或组织，如政务部门、国家电网、电商企业、物流企业、医疗卫生机构等。

五、大数据与云计算、物联网

云计算以虚拟化技术为基础，把数据中心的存储、算力和软件包装后，通过网络为用户提供可定义的、廉价的 IT 服务产品。它主要包括 3 种典型的服务：基础设施即服务（IaaS）、平台即服务（PaaS）、软件即服务（SaaS）。虚拟化技术把 CPU、内存、磁盘等硬件资源变成可按需分派的逻辑资源，能让一台实体服务器变成若干台虚拟服务器，提高了资源的利用率，简化了管理，并提高了适应能力。除虚拟化技术外，云计算还运用分布存储和分布计算技术为大数据的存储和处理服务。

物联网是互联网的扩展，通过置入物中的各类传感器，把感知到的数据经传感网和射频网传入计算机网络，从而实现万物互联。物联网的传感器不间断地生产大量数据，是大数据的重要数据源。物联网也借助云计算和大数据技术来存储、处理和分析数据，实现对物的智能化控制与管理，如新兴的智慧农业、智能交通、智能家居是物联网大数据的典型应用。

岗证须知

要获得大数据分析与应用职业技术证书，要求从事大数据咨询管理的从业人员熟知大数据的基本概念和特性，大数据的采集、存储、处理、安全等相关技术，大数据典型处理模式，大数据产业组成以及大数据与云计算、物联网的联系等相关知识，以便为客户提供恰当的技术咨询服务。

计划&决策

景泰木材加工厂当前业务上的困局是一个典型的未重视数据价值引发的问题，在互联网已经成熟的时代，客户的需求和原木供应数据大多通过互联网发布，靠业务员人工获取这些信息的方式已跟不上时代的要求，因此，需要首先对管理团队普及大数据基础知识，让管理人员充分认识大数据的商业价值，为大数据技术应用打下基础，于是大山制订了与企业的交流计划。

①向企业说明数据生产方式的变革促成了大数据时代的到来，然后描述大数据的

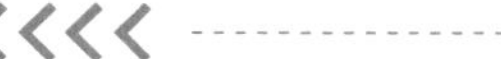

基本概念和特性；

②说明大数据对社会产生的重要影响，特别是人们思维方式的变革；

③描述大数据在各领域的典型应用；

④说明企业应用大数据必知的大数据产业结构。

实 施

一、认识大数据时代

1. 信息化的三次革命

20 世纪 90 年代，个人计算机的普及推动了数据由传统的纸质形式向电子化形式的转变。数据电子化是信息化的首要条件，电子数据开始迅速增长。

在 20 世纪末，互联网诞生改变了数据传输的方式。通过互联网技术，数据可以在全球范围内广泛传播。

进入 21 世纪，传统互联网与移动通信技术融合发展出移动互联网，进一步扩大了互联网的范围，便捷的接入方式催生了丰富的互联网应用。数据的生产、存储和处理方式发生着重大变革，分布式存储、处理成为主流技术。以云计算、物联网和大数据为代表的新一代信息技术崭露头角，并迅速向经济社会各领域渗透应用。

2. 信息技术的进步推动了大数据的发展

从第一台电子计算机诞生开始，信息技术始终围绕着大容量数据存储、快速数据处理和高速数据传输三大领域发力。

数据存储经历了磁鼓、磁带、软磁盘、硬磁盘、光盘、固态盘等多种基础存储技术的发展，存储的容量从最初的 KB 级到现在的 TB 级，存储密度越来越高，单位存储价格逐年走低，为大容量数据存储提供了基础条件。在信息化进程中，数据量和存储容量相互促进，信息化管理要求有大容量的存储设施；另一方面，更大容量的存储设备加速了数据的产生。存储技术也由单机存储的 DAS 技术向网络化的 NAS 和 SAN 技术发展，如今已发展为以互联网为基础的分布式存储和云存储技术。至今，全球的信息系统中已存储了无以计数的海量数据。

海量数据的快速处理要求 CPU 具有强大的运算处理能力。CPU 的主频由最初的几十兆赫（MHz）发展到现在的几吉赫（GHz），CPU 也由单核心技术向多核心技术发展，CPU 的性能以几何级的方式迅猛增长。同时，显卡的 GPU 已超越单纯的图像处理，而能够解决复杂的计算问题，计算行业也正从只使用 CPU 的“中央处理”走向 CPU 与 GPU 并用的“协同处理”发展时代。对称多处理器系统 SMP 和海量并行处理系统 MPP 进一步提升数据处理性能，为大量数据的运算处理提供算力支撑。

海量数据传输需要高速网络传输技术。互联网骨干网络的带宽由早期 1.5 Mbps 发展到 45 Mbps、155 Mbps，再到现在的 2.5 Gbps、10 Gbps。互联网接入速率则从 14.4 Kbit/s、

33.6Kbit/s、56Kbit/s 上升到 1Mbit/s、2Mbit/s、100Mbit/s，以至于 1Gbit/s。高速网络为传输海量数据构建了畅通、快捷的信息高速公路。

3. 数据生产方式的变革开启数据巨量生产模式

数据是描述人类社会经济生活方方面面的符号记录，它有数字、文本、图像、声音、视频等多种形式。我们在日常生产和生活中每时每刻都在生产着大量各种类型的数据。数据成为重要的生产要素，从创新到决策，数据推动企业的发展，是企业提高核心竞争力的关键因素。数据生产方式经历了 3 个阶段。

（1）运营式阶段

在互联网出现之前，数据主要由各行业企业的管理信息系统产生，如票务系统、财务系统、人事系统、诊疗系统、销售系统、办公系统、银行业务系统、股票交易系统、生产管理系统等，这些系统在运行中发生业务时生产数据。这些数据一般为结构化数据，存储在系统的数据库中，数据量小，但价值高。

（2）用户自创式阶段

1989 年 3 月 12 日，互联网最重要的应用：WWW（World Wide Web，万维网）应用诞生了，它革命性地改变数据传播与获取的方式。直至 2001 年，Web 服务仍以静态、单向阅读为主，用户生成的数据几乎可以忽略，这个时段后来被称为 Web1.0 时代。2001 年之后，一批使用新 Web 技术的网站陆续上线，它们更注重用户的交互作用，让用户既是网站内容的浏览者，也是网站内容的制造者，这时被称为 Web2.0 时代。基于 Web2.0 开放、共享、互动的指导思想，互联网上创新出丰富的应用网站，如社交、电子商务、视频图片分享、音乐、百科知识库、搜索引擎等。特别是移动互联网和智能终端的普及应用，用户使用各种应用客户端或在线工具源源不断地制作、上传分享数据，这些数据不仅是文本，更多的是视频、图片、音频，加之网站服务器和网络设备工作时，其日志系统也不间断地生成日志数据，互联网成为大数据最主要的数据源。

（3）感知式阶段

随着互联网向物物互联领域渗透，物联网高速发展。物联网中各种传感器和视频摄像机每时每刻都自动感知产生大量数据进入互联网。

实践真知

把下列数据生产方式与其对应的阶段连线：

火车售票系统产生的数据	运营式阶段
实时航班数据	
发布微博	自创式阶段
天眼系统收集的影像数据	
员工工资系统生成的薪金数据	感知式阶段
气象观测点生成的风向数据	

二、认识大数据的影响

随着数据的日益积累，人们逐渐认识到这种大规模数据蕴藏的价值，掌握运用数据的能力是企业组织的重要竞争力，甚至拥有数据的规模和分析运用数据的能力成为一个国家综合国力的体现。大数据不但是一个企业组织的重要资源，还是一个国家无形的核心资产。正因为大数据受到空前的重视，它已掀起了一场知识生产和思维方式的革命。

1. 知识生产方式的演变

人类在解决问题的进程中产生并积累了丰富的知识，计算机科学家吉姆·格雷把知识生产方式归纳为 4 种范式，分别是实验、理论、计算和数据。它们的特性见表 1-3。

表 1-3　知识的生产方式

范式	说明	示例
实验	人们为实现预定的目的，在人可控条件下，通过控制研究对象，并观察研究对象规律和运行机制的一种研究方法，是人类获得知识、检验知识的一种经典方式。实验不但是获得经验知识的重要手段，也是形成科学理论的基础	液体浮力的实验
理论	人们运用已建立的各种基础理论（概念、联系和原理），构建问题模型和解决方案。通过推演得到的科学理论，具有解释和预测功能并能指导生产实践	牛顿三大定律
计算	首先建立研究对象的数学模型或描述模型，然后转换成可在计算机上运行的程序，给出系统参数、初始状态和环境参数，通过计算机运算得出结果，并可用于指导生产实践和进一步的科学研究	对基因的研究采用了计算机计算模拟方式
数据	基于大规模数据集，运用信息技术、统计学方法，通过数据密集计算，从数据中发现未知模式和有价值的信息，服务于生产实践和科技创新	通过海量交通数据的采集、管理与分析，发现交通动态模式，创新城市交通管理机制

2. 改变思维方式适应大数据时代

现代数据科学技术能全程、全面存储数据，并能高速处理，迅速得到实时的分析结果。数据存储、管理、处理、分析技术手段的革命性变革促使人们思维方式的全面改变。

（1）抽样分析向全面分析转变

在大数据之前，囿于数据科技手段，人们只能抽取随机样本数据，通过对样本数据的分析来推测全体数据的特征。抽样分析的可靠性取决于样本的质量，而获取恰当的样本不易且代价不菲。大数据技术具有海量数据的存储和处理能力，人们可以基于数据全集进行分析而不是对抽样数据进行分析，并且能获得“秒级响应”的分析结果。

（2）从追求分析的精确性向追求分析的效率转变

在抽样数据分析中，由于样本数据量小，要求数据记录准确，并设计复杂的算法来保证运算的精确，否则，分析结果中细小的偏差用于全体数据时就可能产生巨大的偏差，以至于分析结果无效，但精确计算的时间代价是很大的。大数据技术采用全样分析，运用分布式并行计算技术，能在几秒内对海量数据给出分析结果。在大数据时代，数据瞬息万变，快速获得全样数据的大致特征和发展趋势远比精确性更重要，否则就会让数据失去价值。

（3）从重视因果性向重视相关性转变

大数据之前的数据分析重在揭示事件发生的原因或预测事件发展的趋势，这是在反映事件发生发展的因果关系。大数据背景下，人们更多地追求事件之间的相关性。电子商务网站采用的推荐算法能根据消费记录向用户推荐某些商品，如经过大量数据分析发现用户购买了甲商品后一般会购买乙商品，系统就会向购买了甲商品的用户，提示其他顾客还会购买乙商品。这种相关性分析揭示的是可能会发生什么事，而不知道为什么会发生，当然也不必知道为什么。基于相关性分析的预测是大数据的核心和价值所在。

检 查

一、填空题

1. 迄今为止，数据生产方式经历了________、________、__________3 个阶段。
2. 大数据时代的技术支撑包括__________、________、__________。
3. 大数据的数据级一般要达到________（计量单位）。
4. 大数据的计算模式主要有__________、__________、__________。
5. 大数据存储一般采用__________和__________技术。

二、判断题

1. 大数据是指数据值特别大的数据。（ ）
2. 传统信息管理系统产生的数据多为结构化数据。（ ）
3. 大数据只能在 IT 行业使用。（ ）
4. 物联网是大数据的重要数据来源。（ ）
5. 大数据有赖 CPU、存储技术和网络的高度发展。（ ）
6. 大数据有很高的价值密度。（ ）
7. 大数据分析使用很多的抽样样本数据。（ ）
8. 大数据分析主要提示事件之间的相关性而非因果性。（ ）

三、简答题

1. 大数据有哪些类型?
2. 大数据技术是指哪些技术?
3. 大数据计算模式有哪些?它们各自适合哪些应用领域?
4. 大数据与云计算、物联网有何关系?
5. 面对大数据，人们应该在哪些方面转变思维方式?

评　价

根据学习情况自查，在对应的知识点认知分级栏中打“√”。

序号	评价内容	识记	理解	应用	分析	评价	创造	问题
1	数据的生产方式和特点							
2	催生大数据的 IT 技术基础							
3	大数据的概念和特点							
4	大数据对思维方式的重大影响							
5	大数据的行业应用							
6	大数据的关键技术							
7	大数据的典型计算模式							
8	大数据产业的组成							
教师诊断评语:								

任务二 推荐大数据处理框架

微 课

Hadoop 大数据技术框架简介

资 讯

--- 任务描述:

景泰木材加工厂通过前期的调研和咨询，决定在企业经营管理中采用大数据技术收集、存储、管理、使用各种业务数据，为优化经营流程、控制风险、精准营销提供决策数据支持。针对大数据时代结构复杂多样的海量数据，需要一个统一集成的大数据平台来高效地进行数据的加载、存储、处理和管理，并能在任何时间、任何地点和任何设备上实施数据采集、处理、共享、协同和分析，还能保证平台的高度可用性、可靠性、易扩展性、容错性和安全性。大山及技术人员需要为企业提供有关大数据处理平台的以下信息：

①大数据的技术框架；

②大数据处理平台的架构；

③ Google 大数据技术；

④ Hadoop 大数据技术。

--- 知识准备:

一、大数据技术框架

数据从产生到获取其价值要经过数据的收集、存储、管理、计算、分析和可视化六大环节。大数据技术框架如图 1-1 所示。

数据可视化层
⇧
数据分析层
⇧
数据计算层
⇧
数据管理与服务协调层
⇧
数据存储层
⇧
数据采集层
⇧
数据源

图 1-1 大数据技术框架

1. 数据采集层

数据采集层直接面向数据源，完成数据的采集、清洗和加载工作。数据源的分布式、异构性、多样性及流式性要求数据采集系统具有良好的扩展性、可靠性、安全性和较低的延迟，为后端的数据分析应用提供全面的数据。

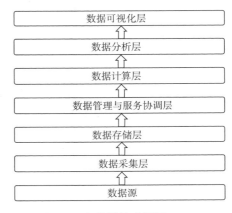

2. 数据存储层

数据存储层负责海量数据的存储。传统的文件系统和关系型数据库难以满足大数据的存储需要，分布式文件系统和 NoSQL 数据库是大数据存储技术的主流，它们具有非常好的扩展性、容错性，支持多种数据模型，能保证结构化和非结构化数据的顺利存储。

3. 资源管理与服务协调层

企业管理信息化需要多种应用和服务，为防止不同应用之间的干扰，以前的做法是把每个应用部署到独立的服务器上，这种方法虽然简单，但资源利用低、数据共享困难、运行维护成本高。现在则是把所有应用部署在一个服务器集群中，对算力、存储和数据等资源进行统一管理，应用之间互相隔离，但又能方便共享资源。这需要有专门的资源管理协调模块来实现数据共享，提高资源利用率并降低运维成本。

4. 数据计算层

在企业实际应用中，针对不同的应用有不同的数据处理需求，有的要求在线实时处理，有的可离线批处理，有的需要良好的交互性。数据计算层需要提供实时、批处理和交互数据计算引擎以满足不同应用的数据处理要求。

5. 数据分析层

数据分析层为用户应用程序提供 API、数据查询语言，方便用户分析数据。

6. 数据可视化层

运用图形学和图像处理技术将数据转换为图形或图像，以生动直观的方式展示数据分析结果，发现数据价值。

二、大数据处理平台的架构

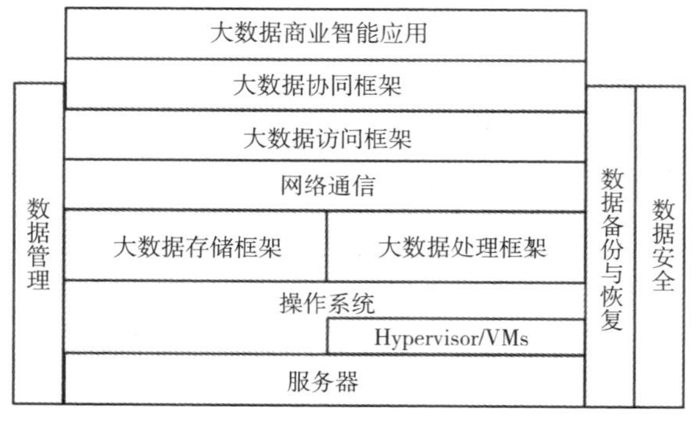

图 1-2　大数据处理平台的架构

大数据处理平台必须满足基于数据规模大、数据类型多、数据存取速度快的基本处理需求，能支持大数据的采集、存储、处理和分析，并能满足企业应用对于可用性、可靠性、可扩展性、容错性和安全性的基本要求，具有对原始格式数据的整合分析能力。因此，大数据处理平台是一个统一集成的平台，如图 1-2 所示。

大数据存储框架以运行在大规模集群服务器上的分布式文件系统为基础，并根据业务需要部署相应的 NoSQL 数据库。大数据处理框架是一个分布式计算框架，其应用程序能够运行在由上千个通用服务器构成的大型集群上，可并行处理 PB 级的数据。大数据访问框架实现对存储框架中关系数据库和分布式文件系统中 NoSQL 数据的访问。大数据协同框架实现对大数据的组织和调度，为大数据分析做准备。大数据商业智能应用通过相关的数据分析、数据挖掘、机器学习及可视化工具实现大数据分析和可视化展现。

岗证须知

要获得大数据分析与应用职业技术证书，要求从事大数据咨询管理的从业人员熟知大数据技术框架和大数据处理平台架构的组成，并熟悉主流大数据处理框架的技术特征，以便能够根据客户需求推荐合适的大数据平台和方案，以及合适的大数据存储计算产品。

计划&决策

景泰木材加工厂现在面临的是大数据平台技术选型的问题。当前大数据平台技术的解决方案分为商业解决方案和开源解决方案两种。商业解决方案需要企业支付系统及许可证费用和例行费用用于技术支持和系统更新升级。开源解决方案通常是免费或低成本许可，能为企业节省大量的拥有成本。大山计划分别介绍大数据平台技术的商业解决方案和开源解决方案，以供企业选择。

①介绍谷歌的大数据技术实现方案；

②介绍 Hadoop 开源大数据技术实现方案。

实 施

一、Google 大数据技术

Google 大数据技术是一个商业解决方案，它的技术实现源代码是闭源的。其技术主要应用在数据存储层、资源管理与服务协调层、计算引擎层和数据分析层4层中，如图1-3所示。

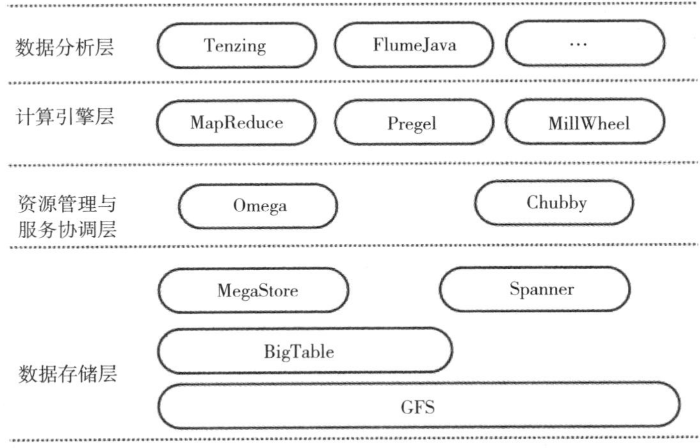

图 1-3 Google 大数据技术框架

1. 数据存储层

数据存储层包括 GFS、BigTable、MegaStore 和 Spanner 组件。其中 GFS 是 Google 文件系统，它是一个具有良好容错性、扩展性和可用性的分布式文件系统，是整个大数据平台的基础。BigTable 是建立在 GFS 基础之上的行、列都可以无限扩展的数据表，而 MegaStore 是建立在 BigTable 之上的、支持事务的分布式数据库。Spanner 是支持数据全球分布的数据库，是 BigTable 的升级版。

2. 资源管理与服务协调层

资源管理与服务协调层的主要组件是 Omega 和 Chubby。Omega 是集群资源管理和调度系统，而 Chubby 是为分布式系统提供高可用性和可靠性服务。

3. 计算引擎层

计算引擎层的主要组件有 MapReduce、Pregel 和 MillWhell，分别实现大数据的批处理计算、分布式图计算和实时流式计算。

4. 数据分析层

数据分析层提供了 Tenzing 和 FlumeJava 组件，Tenzing 是建立在 MapReduce 上的 SQL 查询引擎，而 FlumeJava 则是一个支持简化 MapReduce 程序开发的 Java 编程接口。

二、Hadoop 大数据技术

虽然 Google 构建的大数据技术平台未公开实现的源代码，但其相关的技术均以论文的形式发表。Hadoop 就是对这些论文述及的大数据技术的开源实现。Hadoop 是由分布式文件系统 HDFS 和分布式并行计算框架 MapReduce，以及一些支持 Hadoop 的其他组件构成的分布式计算系统，用于海量数据高效存储、管理和分析。Hadoop 大数据技术架构如图 1-4 所示。

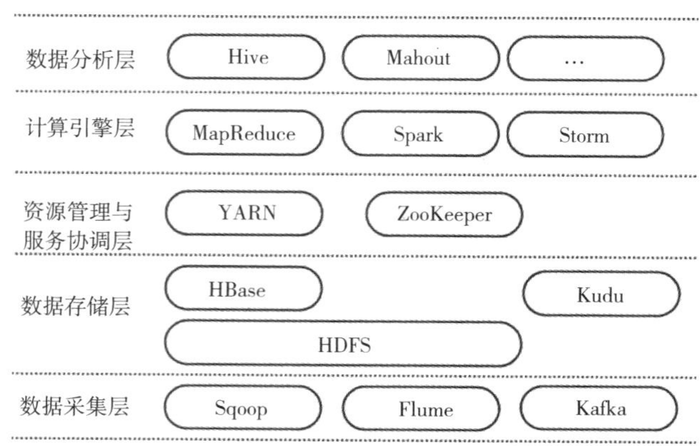

图 1-4 Hadoop 大数据技术框架

1. 数据采集层

数据采集层由一些数据采集工具组成。Sqoop 能在关系数据库和非关系数据间进行数据的导入、导出。Flume 能对日志数据（半结构化数据）进行实时的收集并加载到 HDFS 等存储系统中。Kafka 是一个基于发布与订阅的消息系统，也称为分布式提交日志或分布式流平台，它收集的数据按一定顺序持久存储，按需要读取。

2. 数据存储层

数据存储层由分布式文件系统和分布式数据库组成。HDFS 是 Hadoop 的分布式文件系统，是 GFS 的开源实现，适合在廉价服务器上搭建，有较低的数据存储成本。HBase 是构建在 HDFS 之上的分布式数据库，是 BigTable 的开源实现，可以存储结构化和半结构化的数据。Kudu 也是一个分布式的支持列式存储的数据库。

3. 资源管理与服务协调层

资源管理与服务协调层由实现资源管理和服务协调的工具组成。YARN 是 Hadoop 的资源管理器，为上层多种应用提供统一的资源管理和调度。ZooKeeper 是使用 Paxos 协议（基于消息传递的一致性算法）实现的分布式系统中的服务协调器，用于实现 Leader 选举、负载均衡、服务发现、分布式锁等功能。

4. 计算引擎层

计算引擎层提供了满足多种需求的计算框架，主要有批处理、实时处理和交互式处理 3 种。MapReduce 是最经典的批处理计算框架，具有良好的扩展性和容错性，为开发分布式应用程序提供了丰富的 API。Spark 是基于一种称为弹性分布式数据集（RDD）的分布式计算框架，是对 MapReduce 扩展，支持迭代式、交互式和流式计算。Storm 是一个分布式、实时、高容错性的计算框架，能可靠、高效地处理无限的流式数据，广泛应用于在线实时分析、机器学习等场景。

5. 数据分析层

数据分析层为用户解决大数据问题提供了各种数据分析工具。Hive 是构建在分布式计算框架上的 SQL 分析引擎，用户可以借用已有的 SQL 经验用于大数据分析。Mahout 是构建在计算框架上的、主要用于机器学习的算法 Java 库，方便开发基于大数据的机器学习和数据挖掘的应用，如推荐引擎、聚类和分类相关的互联网应用。

技赛必备

在大数据技术与应用技能大赛中，搭建大数据平台环境的内容要求参赛人员必须熟知 Hadoop、Spark、kafka、Flume 在大数据平台中的地位和作用。

检 查

一、填空题

1. 数据从产生到获取其价值要经过________、________、________、________、________、________6个环节。

2. 数据采集的完整过程包括________、________、________等方面。

3. 大数据存储的主流技术是________、________。

4. 大数据处理平台必须满足________、________、________的基本处理需求。

5. 大数据技术解决方案的典型代表有________、________。

6. 能在关系数据库与 NoSQL 数据库之间交换数据的工具是________。

7. Hadoop 实现批处理、交互式和流式计算的引擎分别是________、________、________。

8. ________能让用户使用与 SQL 语言相似的方式分析大数据。

二、判断题

1. 大数据可以使用大型关系数据库来存储。 (　　)

2. 流式计算要求极高的时间响应。 (　　)

3. HDFS 是对 GFS 的开源实现。 (　　)

4. HBase 的数据表几乎对行列数没有限制。 (　　)

5. Mahout 是一个数据分析应用程序。 (　　)

三、简答题

1. 大数据技术框架中各层有什么作用?

2. 简述 Hadoop 大数据技术框架的组成和各自的作用。

评 价

根据学习情况自查，在对应的知识点认知分级栏中打“√”。

序号	评价内容	识记	理解	应用	分析	评价	创造	问题
1	大数据技术框架的组成							
2	大数据处理平台的架构							
3	Google 大数据技术实现方案							
4	Hadoop 大数据技术实现方案							
5	Sqoop、Flume、Kafka 的功能特性							
6	HDFS 的特性							
7	HBase 和 Kudu 分布式数据库							
8	YARN 和 ZooKeeper							
9	MapReduce、Spark、Storm 计算引擎							
10	Hive 和 Mahout 分析工具							
教师诊断评语：								

项目二 大数据平台搭建

大数据平台是开展大数据应用的基础设施。一个高效、稳定、可靠、安全的大数据平台是大数据应用的根本保证。亿思科技公司在大数据平台构建与运维方面有丰富的技术积累。大力是该公司的一名资深大数据平台运维工程师，他将带领他的团队为景泰木材加工厂构建大数据基础平台并提供运维技术服务。

在本项目中，他将提供以下技术服务：

- ◆ 安装 Hadoop 框架及核心组件
- ◆ 存取 HDFS 中的数据文件
- ◆ 使用 YARN 管理资源
- ◆ 使用 ZooKeeper 协调服务

任务一　安装 Hadoop 及核心组件

资 讯

--- 任务描述：

景泰木材加工厂通过考察发现，像百度、阿里巴巴等众多互联网公司都以 Hadoop 为基础搭建了自己的分布式计算系统，其开源特性使其成为分布式计算领域事实上的国际标准。Hadoop 具有的可靠、高效、可伸缩、低成本等特性符合企业的需要，他们决定把企业大数据应用架设在 Hadoop 这个开源的分布式处理框架之上。亿思科技公司的运维工程师大力将帮助他们实现 Hadoop 大数据处理基础平台的搭建和相应的技术服务。主要工作有：

①安装配置 Hadoop；

②监控 Hadoop 的运行状态；

③明确 HDFS 的结构与工作流程；

④存取 HDFS 中的数据文件。

--- 知识准备：

一、Hadoop 生态圈

Hadoop 是开源实现的大数据分布式数据存储与处理基础架构，是 Apache 基金会的顶级开源项目之一。使用 Java 技术实现了 MapReduce 分布式计算框架，根据 GFS、BigTable 原理开发了 HDFS 分布式文件系统和 HBase 数据存储系统。Hadoop 让用户可以在不了解分布式底层细节的情况下，轻松地开发和运行处理大规模数据的分布式程序，充分利用集群的威力高速运算和存储。Hadoop 生态圈如图 2-1 所示。

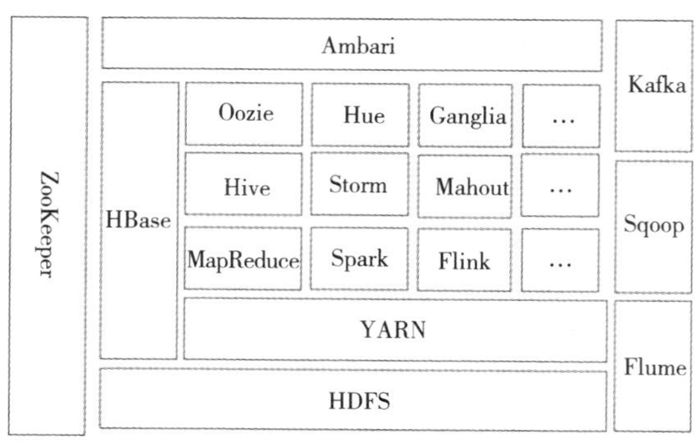

图 2-1　Hadoop 生态圈

Hadoop 的常用组件如下：

•HDFS：提供高可用的获取应用数据的分布式文件系统。

•YARN：通用资源管理系统，为上层应用提供统一的资源管理和调度。

•MapReduce：并行处理大数据集的编程框架。

•Spark：基于内存计算的大数据并行计算框架，作为 MapReduce 的替代方案。

•Flink：面向流处理和批处理的分布式计算框架。

•HBase：面向列的 NoSQL 数据库，用于快速读 / 写大量数据。

•Hive：建立在 Hadoop 上的数据仓库基础构架。它定义了类 SQL 查询语言，允许不熟悉 MapReduce 的用户存储、查询和分析 Hadoop 中的大规模数据。

•Storm：一个实时、分布式、可靠的流式数据处理系统。

•Mahout：提供可扩展的机器学习经典算法和数据挖掘库。

•Oozie：用来管理 Hadoop 生态圈作业的调度与协调的系统。

•Hue：与 Hadoop 交互的 Web 界面程序，以图形方式操作 HDFS、YARN、HBase、Hive、ZooKeeper 等。

•Ganglia：监控集群系统的性能状态，如 CPU、内存、存储系统、I/O 负载、网络流量等，用于系统资源调整与分配，以提高系统整体性能。

•ZooKeeper：用于分布式应用的高性能协调服务。

•Ambari：基于 Web 的工具，用于管理和监测 Hadoop 集群。

•Flume：流式日志采集系统。

•Sqoop：用于在关系数据库、数据仓库和 Hadoop 之间转移数据。

•Kafka：一种高吞吐量的分布式发布订阅消息系统。

二、Hadoop 的版本

至今，Hadoop 已推出了 3 个版本，分别是 Hadoop 1.0、Hadoop 2.0 和 Hadoop 3.0，部署最多的是 Hadoop 2.0。

1. Hadoop 1.0

Hadoop 1.0 是 Hadoop 的早期版本，主要由分布式存储系统 HDFS 和分布式计算框架 MapReduce 两个系统组成。HDFS 由一个 NameNode（名称节点）和多个 DataNode（数据节点）组成。NameNode 节点有且只有一个，虽然可以通过 SecondaryNameNode（第二名称节点）进行主节点数据备份，但是由于存在延时，若主节点宕机，这时部分数据还未同步到 SecondaryNameNode 节点上，就会存在资源数据的缺失。由于 Hadoop 1.0 采用单主 / 从架构，即只有一个 NameNode 节点；又由于 NameNode 存储着 HDFS 系统中的文件目录结构、文件名、文件其他属性，以及文件存储块所属的 DataNode 节点等重要的元数据信息，一旦 NameNode 失效，整个系统将停止运行。对于 MapReduce 也只有一个主 JobTracker 和多个从 TaskTracker，JobTracker 要负责接收客户端的计算任务，并把任务分发给 TaskTracker 执行，通过心跳机制来管理 TaskTracker 节点的运行情况，还兼顾资源管理，因此，JobTracker异常的影响也是全局的。所以Hadoop 1.0存在单点故障、内存受限，缺乏隔离机制的缺陷，制约了集群扩展。Hadoop 1.0的结构如图2-2所示。

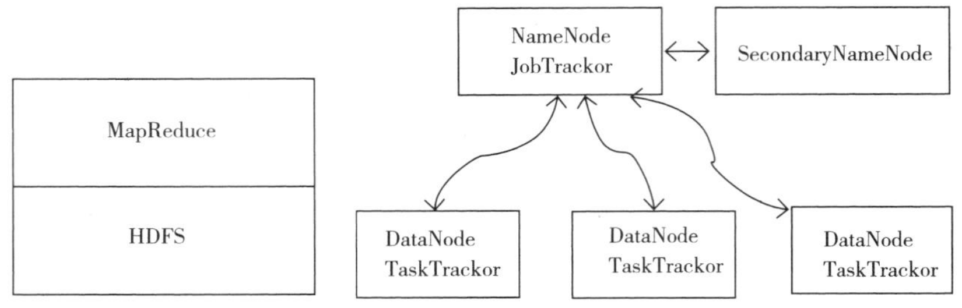

图 2-2 Hadoop 1.0 的结构

2. Hadoop 2.0

Hadoop 2.0针对hadoop 1.0中HDFS、MapReduce在高可用性、扩展性等方面存在的问题，做了相应的改进。

针对Hadoop 1.0单NameNode制约HDFS的扩展性问题，提出HDFS Federation（联盟），支持多个NameNode同时运行，每一个NameNode分管一批目录，多个NameNode分管不同的目录进而实现访问隔离和横向扩展，并结合HDFS HA（Highly Available，高可用）机制，彻底解决了NameNode单点故障问题。

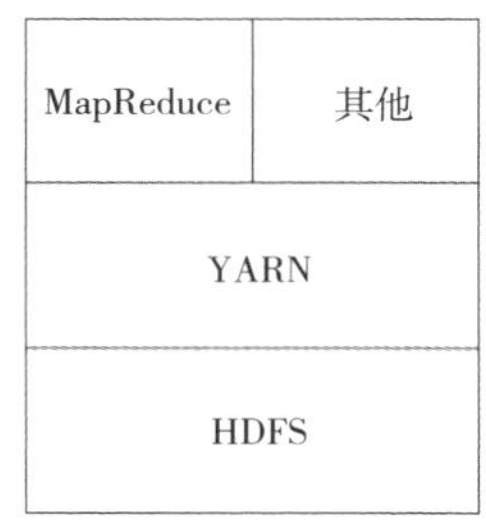

图 2-3 Hadoop 2.0 的结构

对于Hadoop 1.0中JobTracker压力太大的问题，则增加了YARN框架，它把JobTracker资源分配和作业控制分开，YARN使用Resource Manager在NameNode上进行资源管理调度，使用ApplicationMaster进行任务管理和任务监控。在Hadoop 2.0中MapReduce仅是一个计算框架，YARN是一个通用的资源管理组件，它可为各类应用程序进行资源管理和调度，不仅支持MapReduce框架，也可以为Spark、Storm、Flink等其他框架服务。

Hadoop 2.0的结构如图2-3所示。

3. Hadoop 3.0

Hadoop 3.0在Hadoop 2.0上增加了一些性能上的优化和支持。

Hadoop 3.0使用Erasure Coding编码处理容错，而非通过复制实现，极大地提高了存储空间的利用率。具有更好的可扩展性，可以为每个群集扩展超过10 000个节点。具有SPOF的功能，当NameNode启动失败时，它就会自动恢复，无须人工干预。通过DataNode缓存提供快速数据访问。把服务的默认端口调整到属于Linux的临时端口范围（32 768~61 000）之外，避免了服务在启动时可能因为和其他应用程序产生端口冲突而无法启动的问题。Hadoop 3.0要求Java的最低支持版本提升到Java 8，但兼容Hadoop 1.0和Hadoop 2.0。

三、Hadoop 的发行版

Hadoop 的发行版分为开源社区版和商业版，开源社区版是指由 Apache 软件基金会维护的版本，是官方维护的版本。商业版是指由第三方商业公司在社区版 Hadoop 基础上进行了一些修改、整合及各个服务组件兼容性测试而发行的版本。

著名商业版有 Cloudera 公司的 CDH 版本、Hortonworks 公司的 HDP 版本和 MapR 公司 Hadoop 版本。

1. Cloudera 公司的 CDH

CDH 是 Cloudera's Distribution Including Apache Hadoop 的简称，Cloudera 是 Hadoop 领域知名的公司和市场领导者，CDH 是第一个 Hadoop 商业发行版本。它拥有 350 多个客户并且活跃于 Hadoop 生态系统开源社区。在多个创新工具的贡献排行榜中，它都名列榜首。它的系统管控平台——Cloudera Manager，易于使用、界面清晰，拥有丰富的信息内容。Cloudera 专属的集群管控套件能自动安装部署集群并且提供了许多有用的功能，如实时显示节点个数、缩短部署时间等。同时，Cloudera 也提供咨询服务来解决各类机构关于数据管理方案中如何使用 Hadoop 技术以及开源社区有哪些新内容等问题。

2. Hortonworks 公司的 HDP

HDP（Hortonworks Data Platform）是 Hortonworks 公司基于 Apache Hadoop 开发的完全开源的 Hadoop 数据平台，提供大数据云存储、处理和分析等服务。HDP 包括稳定版本的 Apache Hadoop 的所有关键组件和一个用户界面直观、友好的安装、配置工具。HDP 提供了便捷的系统管理和监控服务，使用直观的仪表板来监测集群运行状态和建立警示，其强大的数据集成服务让用户无须编写 Hadoop 代码就能用它的数据系统集成工具轻松连接到 Hadoop 集群，使用 Apache HCatalog 简化了 Hadoop 的应用程序之间、Hadoop 和其他数据系统之间的数据共享。HDP 能与成熟的高可用性解决方案无缝集成，强化了 HDP 的高可用性。

3. MapR 公司的 Hadoop

MapR 的 Hadoop 商业发行版紧跟市场需求，能更快反映市场需要。与 Cloudera 和 Hortonworks 不同的是，MapR Hadoop 不依赖于 Linux 文件系统，也不依赖于 HDFS，而是在 MapRFS 文件系统上把元数据保存在计算节点，快速进行数据的存储和处理。由于它基于 MapRFS，是唯一一个能不依赖于 Java 而提供 Pig、Hive 和 Sqoop 的 Hadoop。MapR Hadoop 是最适合应用于生产环境的 Hadoop 版本，它包含了许多易用、高效和可信赖的增强功能。MapR Hadoop 集群节点可以通过 NFS 直接访问，因此用户可以像使用 Linux 文件系统一样在 NFS 上直接挂载 MapR 文件。MapR Hadoop 提供了完整的数据保护，方便使用且没有单点故障。MapR Hadoop 被认为是运行最快的 Hadoop 版本。

四、HDFS 文件系统

HDFS 的全称是 Hadoop Distributed File System，是基于 Java 开发的分布式文件系统，它是 Hadoop 的核心组件之一，提供了在廉价服务器集群中进行大规模分布式文件存储的能力。

传统的本地文件系统如个人计算机系统、文件服务器等，它们只需要单个计算机节点就可以完成文件的存储和处理。所谓计算机节点是由处理器、内存、本地磁盘等硬件和操作系统及其他相关软件构成的计算机系统。

分布式文件系统则是把文件分散存储到多个计算机节点上，多个计算机节点通过网络连接，并在软件的管理下构成一个协同工作的大系统，这就是计算机集群。集群中的节点安放在机架（Rack）上，每个机架可存放多个节点，节点之间通过网络互连，机架之间也互连在一起，如图 2.4 所示。

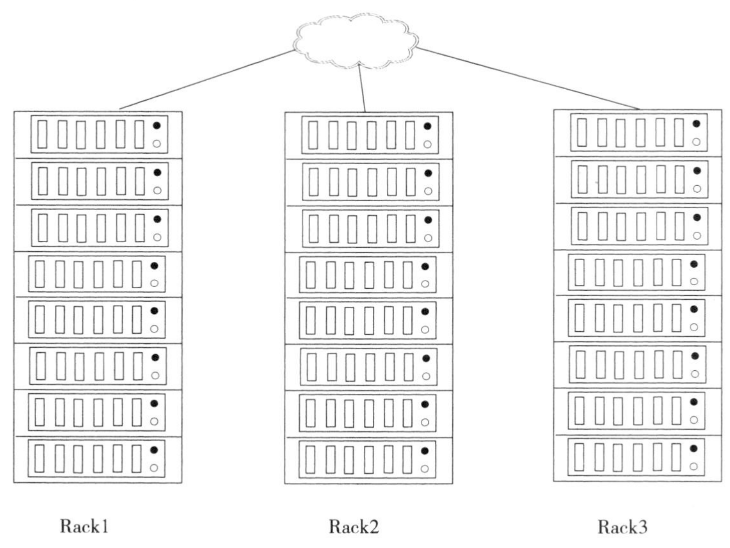

图 2-4 计算机集群的结构

HDFS 就是采用廉价计算机节点构成的集群来实现文件的分布式存储与处理。HDFS 是一个主/从（Master/Slave）架构，Hadoop 集群中的 HDFS 由一个主节点（NameNode 节点）和多个从节点（DataNode 节点）组成。

NameNode 是 Hadoop 集群的中心服务器，负责管理 HDFS 分布式文件系统中的命名空间和客户对文件的访问。DataNode 是 HDFS 的工作节点，负责处理客户的文件读写请求，在 NameNode 的统一调度下完成文件的创建、读写、删除、复制等操作，并定期向 NameNode 发送所存储的块列表数据。集群中的一个节点运行一个 DataNode 管理进程，数据实际保存在节点的本地文件系统（如 xfs、ext、lvm 等）中，HDFS 的结构如图 2-5 所示。

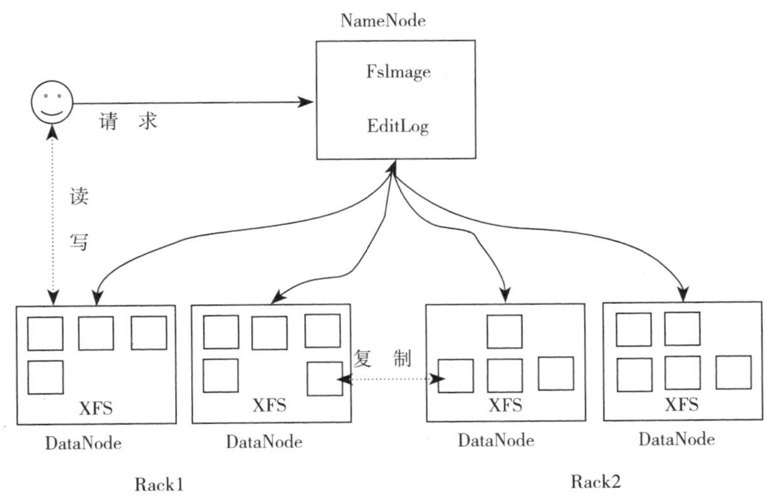

图 2-5 HDFS 的结构

HDFS 也像 Linux、Windows 等操作系统的本地文件系统一样，定义了文件读写的基本单位，称为块（Block）。磁盘的物理存储块大小一般为 512 KB，文件系统定义的块大小是物理存储块的整数倍，HDFS 的块大小默认为 128 MB。通过把文件分块，一是各文件块可以同时执行读写操作，大大提高文件的读写效率；二是对大规模数据文件分成的文件块实现分别存储到不同的节点上，突破单节点存储容量的限制；三是同一文件块可以同时存储到不同的节点上，提高系统的容错性和可用性。

如图 2-5 所示，NameNode 维护两个重要的数据文件 FsImage 和 EditLog。FsImage 存储整个 HDFS 中的文件目录和文件的基础数据，也称为元数据，如文件名、文件各块在 DataNode 中的地址等信息。EditLog 记录了客户对文件执行的创建、读写、删除等操作。为提高对客户请求的响应，NameNode 启动时将把 FsImage 的内容加载到内存中，然后执行 EditLog 中的操作，以保证内存中的元数据是最新的；创建一个新的 FsImage 文件和一个空的 EditLog 文件，当 DataNode 启动成功后，HDFS 的所有更新操作都将写入 EditLog 中，而不是直接写入 FsImage，因为 FsImage 往往很大，直接写入 FsImage 会导致系统低效。

NameNode 在正常运行中，不断发生更新操作，这些更新操作直接写入 EditLog 中，不断变大的 EditLog 文件也会显著降低系统的性能。在 NameNode 启动时，需要把 FsImage 的内容加载到内存中，然后执行 EditLog 中的操作来更新 FsImage。当 EditLog 过大时，这一过程将变得漫长，在此期间，NameNode 处于安全模式，只允许用户读，而不提供写操作，影响了用户的使用。为解决这个问题，HDFS 设计了 Secondary NameNode（第二名称节点），它定期与 NameNode 联系，请求停止使用 EditLog，Secondary NameNode 把 EditLog 和 FsImage 下载到本地，执行 EditLog 与 FsImage 的合并，此时在 NameNode 中的更新操作将临时记录到 EditLog.new 文件中。当 Secondary NameNode 完成合并后，把新的 FsImage 发送给 NameNode，并用 EditLog.new 替换掉原来的 EditLog，减小了 EditLog 的大小。Secondary NameNode 定期获得的 EditLog

和 FsImage 文件，相当于是对 NameNode 的备份，当 NameNode 发生故障时，可使用 Secondary NameNode 来恢复系统到上一次通信时刻的状态。

五、HDFS 的存储特性

1. 数据冗余存储

HDFS 把一个数据块同时存储到不同的数据节点上，这就是多副本数据冗余存储方式，实现了系统的容错性和可用性。

通常 HDFS 集群由多个机架组成，不同机架间通过上层交换机或路由器相连，其通信带宽比同一机架上节点之间的通信带宽小。因此，从通信速度考虑，把数据块的多个副本存储在同一机架的不同节点上无疑是最理想的。但 HDFS 的策略却是把它们存储到不同机架的节点中，这能获得较高的数据可靠性，不会因为某一机架故障，而致数据不可访问；另一方面，在读数据时，可以从多机架并发操作，提高数据读取速度。此策略实现了系统的负载均衡和容错处理。

HDFS 的冗余复制因子默认值为 3，即每个数据块将同时保存到 3 个节点上，其中两份存放在同一机架的不同节点上，第三份存放在另一个机架的节点上。在数据写入时，采用流水线复制策略，极大地提高了数据复制效率。当向 HDFS 写入文件时，文件被切分成若干数据块，每个数据块独立向 NameNode 发起写请求，NameNode 为客户端返回可用 DataNode 列表，然后客户端首先把数据写入第一个 DataNode，同时把 DataNode 列表也传递给它，第一个 DataNode 接收到 4 KB 数据时，写入本地文件系统，同时，向列表中的第二个 DataNode 发起连接请求，并把接收到的 4 KB 数据和 DataNode 列表发送给第二节点，当第二个 DataNode 接收到 4 KB 数据时，在写入本地文件系统时，向列表中的第三个 DataNode 发起连接请求，依次类推，在列表中的 DataNode 间生成了一条数据复制流水线。当文件写入完成时，冗余复制也几乎同时结束。

2. 高容错性机制

NameNode 保存了 HDFS 的所有元数据，NameNode 故障将导致整个 HDFS 失效。HDFS 一方面把 NameNode 上的元数据信息同步复制到其他文件系统中备份，另一方面运行 Secondary NameNode。当 NameNode 故障时，则从备份文件系统中取得元数据信息，放到 Secondary NameNode 上进行恢复。

DataNode 会定期向 NameNode 报告自己的状态，当 NameNode 不能收到 DataNode 的状态信息时，则标记该 DataNode 宕机，NameNode 不会再向它发送任何读写请求。如果这导致某些数据块的冗余因子小于设定的值，将启动数据冗余复制工作来生成数据块的可用副本。

在 HDFS 中，创建文件的同时，客户端将对每个数据块生成 MD5 或 SHA1 消息摘要信息，并写入同一路径的隐藏文件中。当客户读取文件时，会提取该摘要信息对数据块进行校验，如果校验出错，客户端会到另一个 DataNode 去读取该数据块的副本，并向 NameNode 报告那个有错的数据块。NameNode 会定期检查并对那个数据块启动复制操作，以维持正确数据块副本的冗余数量不低于复制因子。这可以保证在发生网络传输和磁盘错误时，也能读到正确的数据。

实践真知

1. 针对 Hadoop 不同发行版本的特性，应如何选择？

2. HDFS 是怎样实现高容错性的？

计划&决策

景泰木材加工厂的信息基础设施比较薄弱，仅在文字处理和财务管理使用了信息技术辅助，还缺乏专业的信息技术人员，为信息技术近乎空白的企业部署大数据处理平台，需要从硬件基础设施准备和信息技术专职人员培训两个方面入手，才能保证平台的顺利搭建和后期的正常运行和维护。大力根据企业当前的信息技术应用现状，向管理决策者提出初期购置 3 台高性能机架服务器以及配套的交换机、路由器、UPS、机架等硬件装备，并派一名有信息技术基础的员工跟班培训，还制订了如下工作计划。

①规划设计大数据处理平台部署方案；

②实施 Hadoop 大数据平台搭建；

③培训技术员实施 HDFS 文件管理。

实 施

一、设计大数据处理平台部署方案

根据企业大数据应用需求，大力决定服务器操作系统采用 CentOS 7，Hadoop 采用社区版 Hadoop 3.0，这样能最大限度为企业节约平台建设成本，也有利于信息技术人员的培养，3 台服务器的部署规划见表 2-1。

表 2-1 3 台服务器的部署规划

编号	主机名	IP 地址	角色	安装软件
1	bds001	192.168.97.101/24	NameNode ResourceManager DataNode	CentOS 7 JDK 8 Hadoop 3.0
2	bds002	192.168.97.102/24	DataNode NodeManager	
3	bds003	192.168.97.103/24	DataNode NodeManager	

二、搭建 Hadoop 大数据基础平台

1. 安装 CentOS 7

从 CentOS 的官方网站下载 CentOS 7 的安装包（文件名可能是 CentOS-7-x86_64-DVD-2009.iso），然后制作成安装光盘或 U 盘用于安装。把安装光盘或 U 盘插入主机，开机启动 CentOS 系统进行安装，如图 2-6 所示。

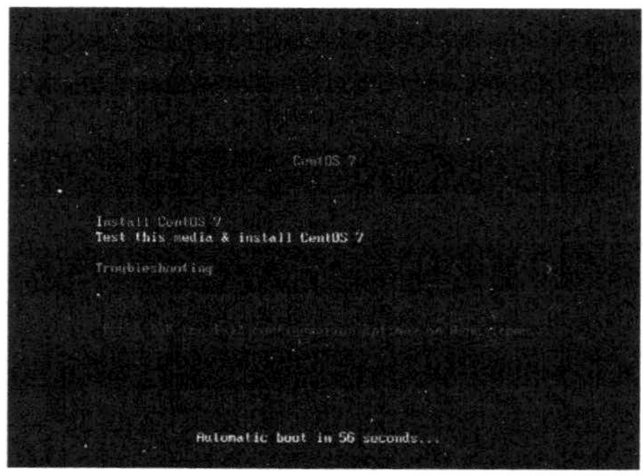

图 2-6 CentOS 安装界面

按照安装向导的指引，并根据实际应用的需要配置相关参数，完成 CentOS 系统的安装。

2. 配置 CentOS 网络

（1）关闭并停用防火墙

[root@localhost ~]#systemctl stop firewalld.service

[root@localhost ~]#systemctl disable firewalld.service

命令执行如图 2-7 所示。

```
[root@localhost ~]#
[root@localhost ~]# systemctl stop firewalld.service
[root@localhost ~]# systemctl disable firewalld.service
Removed symlink /etc/systemd/system/multi-user.target.wants/firewalld.service.
Removed symlink /etc/systemd/system/dbus-org.fedoraproject.FirewallD1.service.
[root@localhost ~]#
```

图 2-7 关闭防火墙

（2）配置主机名

[root@localhost ~]#vi /etc/hostname

在打开的配置文件 hostname 中输入 bds001。

（3）配置网络连接参数

[root@localhost ~]#vi /etc/sysconfig/network-scripts/ifcfg-ens33

如图 2.8 所示，配置主机 bds001 的网络连接参数。

```
TYPE=Ethernet
PROXY_METHOD=none
BROWSER_ONLY=no
BOOTPROTO=static
DEFROUTE=yes
IPV4_FAILURE_FATAL=no
IPV6INIT=yes
IPV6_AUTOCONF=yes
IPV6_DEFROUTE=yes
IPV6_FAILURE_FATAL=no
IPV6_ADDR_GEN_MODE=stable-privacy
NAME=ens33
UUID=460decf1-26c4-4588-9714-8b1a33ac6a12
DEVICE=ens33
ONBOOT=yes
IPADDR=192.168.97.101
NETMASK=255.255.255.0
GATEWAY=192.168.97.2
DNS1=192.168.97.2
DNS2=114.114.114.114
```

图 2-8　配置网络连接参数

（4）配置 hosts 名称解析

在没有 DNS 系统服务的情况下，可配置 hosts 文件来实现域解析，如图 2-9 所示。

[root@localhost ~]#vi /etc/hosts

```
127.0.0.1      localhost localhost.localdomain localhost4 localhost4.localdomain4
::1            localhost localhost.localdomain localhost6 localhost6.localdomain6
192.168.97.101   bds101
192.168.97.102   bds102
192.168.97.102   bds102
```

图 2-9　配置 hosts 文件

完成（1）到（4）的配置后，输入命令 reboot 重新启动系统。

3. 配置用户 ssh 免密码登录系统

Hadoop 集群的各个节点的进程间通信使用 ssh，为使它们通信的 ssh 连接顺畅，需要配置各节点的 ssh 免密登录。

（1）生成用户 RSA 密钥对

[root@localhost ~]#ssh-keygen -t rsa

ssh-keygen 命令用于生成用户的密钥对文件，这里用选项 -t rsa 指定生成 RSA 非对称密钥对，默认的私钥文件为 id_rsa，公钥文件为 id_rsa.pub，它们存储在用户主目录下的隐藏目录 .ssh 中。公钥用于加密，私钥用于解密。公钥公开，私钥由用户妥善保存，一般设置保护短语，由于要保证 Hadoop 节点间 ssh 免密登录，这里不设私钥保护短语，如图 2-10 所示。

```
[root@#localhost ~]#
[root@#localhost ~]# ssh-keygen -t rsa
Generating public/private rsa key pair.
Enter file in which to save the key (/root/.ssh/id_rsa):
Created directory '/root/.ssh'.
Enter passphrase (empty for no passphrase):
Enter same passphrase again:
Your identification has been saved in /root/.ssh/id_rsa.
Your public key has been saved in /root/.ssh/id_rsa.pub.
The key fingerprint is:
SHA256:uLbnPmTe0QrYNU/A4V7gDmzua+ZRFV9b/AHqLf9VAFo root@#localhost.localdomain
The key's randomart image is:
+---[RSA 2048]----+
|        .o.E...o|
|       . oo+.+ o+|
|        + +oo o.o|
|       + +*oo  ..|
|      .oS.+B .  .|
|      .o=.. =   .|
|     o+oo o .   .|
|      . .*oo  .  |
|       .B=.   .  |
+----[SHA256]-----+
[root@#localhost ~]# ll .ssh
total 8
-rw-------. 1 root root 1679 May  6 22:30 id_rsa
-rw-r--r--. 1 root root  409 May  6 22:30 id_rsa.pub
[root@#localhost ~]# _
```

保护短语置空

密钥文件

图 2-10　生成用户密钥对

（2）上传统用户公钥到服务器

[root@localhost ~]#ssh-copy-id －i root@bds001

ssh-copy-id 用于把公钥上传到服务器的用户主目录下的 .ssh/authorized_keys 授权文件中，如图 2-11 所示。

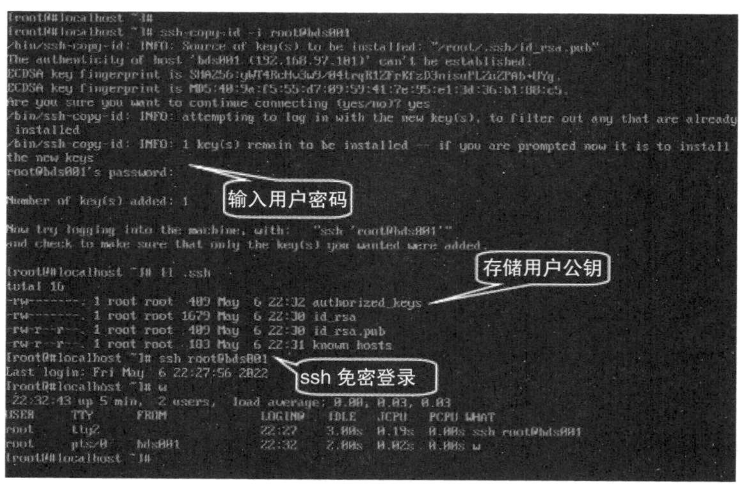

图 2-11　上传用户公钥

（3）测试 ssh 免密登录服务器

[root@localhost ~]#ssh　root@bds001

如图 2-11 所示，ssh 登录不再需要用户输入用户密码，也不用输入私钥保护短语，实现了 ssh 免密登录。

4. 安装 Java 环境

（1）安装 JDK

Hadoop 3.0 要求 Java 8 支持，首先去 Oracle 的官方网站上下载 Java 8 的安装包 jdk-8u181-linux-x64.tar.gz，然后复制到系统中。本例放在 /usr/local/src 中，然后把 JDK 安装到 /usr/local 目录中，如图 2-12 所示。

[root@bds001 ~]#cd /usr/local/src

[root@bds001 src]#tar －zxf jak-8u181-linux-x64.tar.gz －C /usr/local

```
[root@bds001 ~]#
[root@bds001 ~]# ll /usr/local/src
total 722300
-rwxr-xr-x. 1 root root 605187279 May  6 09:56 hadoop-3.3.1.tar.gz
-rwxrwxrwx. 1 root root 185646832 May  6 11:05 jdk-8u181-linux-x64.tar.gz
[root@bds001 ~]#
[root@bds001 ~]# cd /usr/local/src/
[root@bds001 src]#
[root@bds001 src]# tar -zxf jdk-8u181-linux-x64.tar.gz -C /usr/local
[root@bds001 src]#
[root@bds001 src]# ll /usr/local/jdk1.8.0_181/
total 25976
drwxr-xr-x. 2 10 143     4096 Jul  7  2018 bin
-r--r--r--. 1 10 143     3244 Jul  7  2018 COPYRIGHT
drwxr-xr-x. 3 10 143      132 Jul  7  2018 include
-rw-r--r--. 1 10 143  5207314 Jun 27  2018 javafx-src.zip
drwxr-xr-x. 5 10 143      185 Jul  7  2018 jre
drwxr-xr-x. 5 10 143      245 Jul  7  2018 lib
-r--r--r--. 1 10 143       40 Jul  7  2018 LICENSE
drwxr-xr-x. 4 10 143       47 Jul  7  2018 man
-r--r--r--. 1 10 143      159 Jul  7  2018 README.html
-rw-r--r--. 1 10 143      424 Jul  7  2018 release
-rw-r--r--. 1 10 143 21099920 Jul  7  2018 src.zip
-rw-r--r--. 1 10 143   106782 Jun 27  2018 THIRDPARTYLICENSEREADME-JAVAFX.txt
-r--r--r--. 1 10 143   154222 Jul  7  2018 THIRDPARTYLICENSEREADME.txt
[root@bds001 src]# _
```

图 2-12　安装 Java

（2）配置 Java 环境变量

Java 开发环境及基于 Java 的软件正常运行依赖于 JAVA_HOME、JRE_HOME 和 CLASSPATH 3 个环境变量的正确设置。

JAVA_HOME 设置 Java 的安装主目录。

JRE_HOME 设置 Java 运行时环境的主目录。

CLASSPATH 设置 Java 类库的搜索路径。

一般在登录用户的 .bash_profile 文件中配置，并输出为全局变量，如图 2-13 所示。

[root@bds001 ~]#vi .bash_profile

```
# .bash_profile

# Get the aliases and functions
if [ -f ~/.bashrc ]; then
        . ~/.bashrc
fi

# User specific environment and startup programs

PATH=$PATH:$HOME/bin

# export PATH

export JAVA_HOME=/usr/local/jdk1.8.0_181
export JRE_HOME=$JAVA_HOME/jre
export CLASSPATH=.:$JAVA_HOME/lib/dt.jar:$JAVA_HOME/lib/tools.jar:$JRE_HOME/lib
export PATH=$PATH:$JAVA_HOME/bin:$JRE_HOME/bin
```

图 2-13　配置 Java 环境变量

（3）测试 Java

如图 2-14 所示，先检查 Java 解释器是否位于正确的安装目录中，然后编写示例程序 mfirst.java，经编译、运行测试 Java 环境是否配置正确。

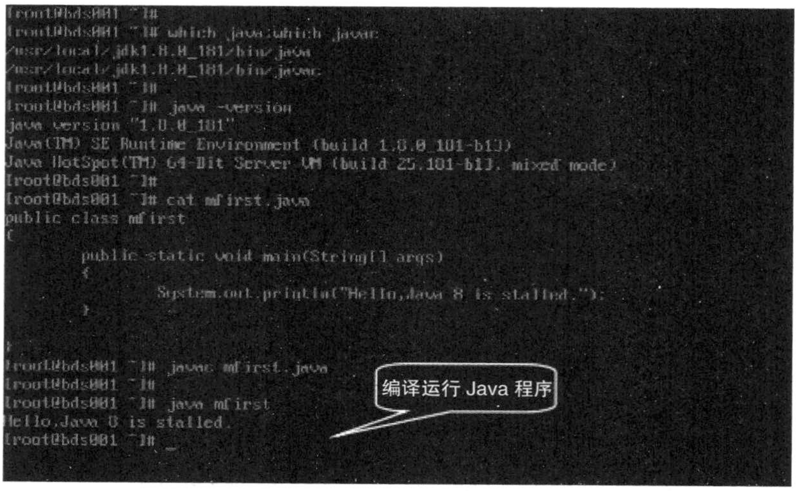

```
[root@bds001 ~]#
[root@bds001 ~]# which java;which javac
/usr/local/jdk1.8.0_181/bin/java
/usr/local/jdk1.8.0_181/bin/javac
[root@bds001 ~]#
[root@bds001 ~]# java -version
java version "1.8.0_181"
Java(TM) SE Runtime Environment (build 1.8.0_181-b13)
Java HotSpot(TM) 64-Bit Server VM (build 25.181-b13, mixed mode)
[root@bds001 ~]#
[root@bds001 ~]# cat mfirst.java
public class mfirst
{
        public static void main(String[] args)
        {
                System.out.println("Hello,Java 8 is stalled.");
        }

}
[root@bds001 ~]# javac mfirst.java
[root@bds001 ~]#
[root@bds001 ~]# java mfirst
Hello,Java 8 is stalled.
[root@bds001 ~]# _
```

编译运行 Java 程序

图 2-14　测试 Java 编程环境

5. 安装并设置 Hadoop

在官方网站 hadoop.apache.org 上下载 Hadoop 3.0 社区版 hadoop-3.3.1.tar.gz 安装包，并复制到系统目录 /usr/local/src 中。

（1）安装 Hadoop

[root@bds001 src]#tar －zxf hadoop-3.3.1.tar.gz －C /usr/local

如图 2-15 所示，在 Hadoop 主目录下的 bin 和 sbin 目录中存放了 Hadoop 管理命令，etc 目录中存放相关配置文件，share 目录存放示例程序。

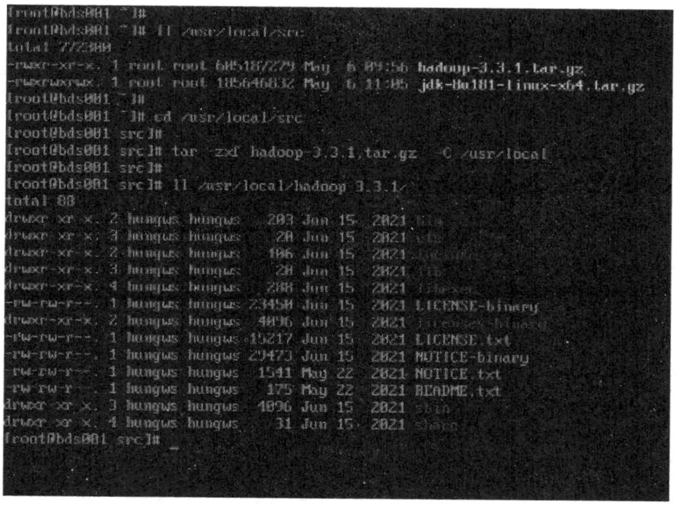

```
[root@bds001 ~]#
[root@bds001 ~]# ll /usr/local/src
total 772300
-rwxr-xr-x. 1 root root 605187279 May  6 09:56 hadoop-3.3.1.tar.gz
-rwxrwxrwx. 1 root root 185646832 May  6 11:05 jdk-8u181-linux-x64.tar.gz
[root@bds001 ~]#
[root@bds001 ~]# cd /usr/local/src
[root@bds001 src]#
[root@bds001 src]# tar -zxf hadoop-3.3.1.tar.gz  -C /usr/local
[root@bds001 src]#
[root@bds001 src]# ll /usr/local/hadoop-3.3.1/
total 88
drwxr-xr-x. 2 hungws hungws   203 Jun 15  2021
drwxr-xr-x. 3 hungws hungws    20 Jun 15  2021
drwxr-xr-x. 2 hungws hungws   106 Jun 15  2021
drwxr-xr-x. 3 hungws hungws    20 Jun 15  2021
drwxr-xr-x. 4 hungws hungws   288 Jun 15  2021
-rw-rw-r--. 1 hungws hungws 23450 Jun 15  2021 LICENSE-binary
drwxr-xr-x. 2 hungws hungws  4096 Jun 15  2021
-rw-rw-r--. 1 hungws hungws 15217 Jun 15  2021 LICENSE.txt
-rw-rw-r--. 1 hungws hungws 29473 Jun 15  2021 NOTICE-binary
-rw-rw-r--. 1 hungws hungws  1541 May 22  2021 NOTICE.txt
-rw-rw-r--. 1 hungws hungws   175 May 22  2021 README.txt
drwxr-xr-x. 3 hungws hungws  4096 Jun 15  2021
drwxr-xr-x. 4 hungws hungws    31 Jun 15  2021
[root@bds001 src]# _
```

图 2-15　安装 Hadoop

（2）设置 Hadoop 环境变量

[root@bds001 ~]#vi .bash_profile

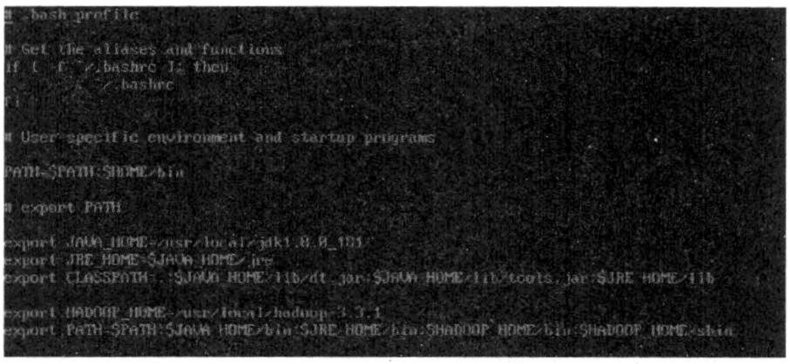

```
# .bash_profile

# Get the aliases and functions
if [ -f ~/.bashrc ]; then
        . ~/.bashrc
fi

# User specific environment and startup programs

PATH=$PATH:$HOME/bin

# export PATH

export JAVA_HOME=/usr/local/jdk1.8.0_181
export JRE_HOME=$JAVA_HOME/jre
export CLASSPATH=.:$JAVA_HOME/lib/dt.jar:$JAVA_HOME/lib/tools.jar:$JRE_HOME/lib

export HADOOP_HOME=/usr/local/hadoop-3.3.1
export PATH=$PATH:$JAVA_HOME/bin:$JRE_HOME/bin:$HADOOP_HOME/bin:$HADOOP_HOME/sbin
```

图 2-16 设置 Hadoop 环境变量

如图 2-16 所示，添加 HADOOP_HOME 环境变量，其值设置为 Hadoop 的安装主目录，然后把 Hadoop 安装目录中的 bin 和 sbin 目录添加到搜索路径中。

6. 配置 Hadoop 本地模式

Hadoop 本地模式没有启用 HDFS 分布式文件系统，直接使用本地存储，仅用于测试。只需要在 hadoop-env.sh 脚本程序中设置 Java 的主目录即可。

（1）修改 hadoop-env.sh

[root@bds001 ~]#vi /usr/local/hadoop-3.3.1/etc/hadoop/hadoop-env.sh

配置 Hadoop 本地工作模式，如图 2-17 所示。

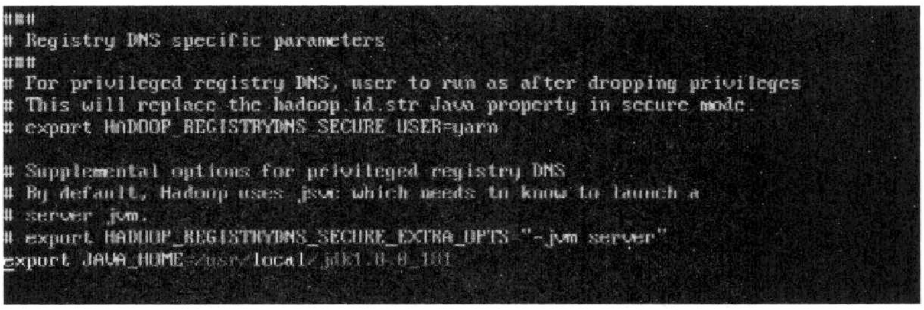

```
###
# Registry DNS specific parameters
###
# For privileged registry DNS, user to run as after dropping privileges
# This will replace the hadoop.id.str Java property in secure mode.
# export HADOOP_REGISTRYDNS_SECURE_USER=yarn

# Supplemental options for privileged registry DNS
# By default, Hadoop uses jsvc which needs to know to launch a
# server jvm.
# export HADOOP_REGISTRYDNS_SECURE_EXTRA_OPTS="-jvm server"
export JAVA_HOME=/usr/local/jdk1.8.0_181
```

图 2-17 配置 Hadoop 本地工作模式

（2）测试 Hadoop

为测试 Hadoop 是否能正常工作，在用户主目录中创建 tmp 目录存储数据文件，创建 output 目录存储程序输出结果。

[root@bds001 ~]#mkdir tmp

[root@bds001 ~]#mkdir output

[root@bds001 ~]#vi tmp/notababy.txt

输入以下内容：

what are you going to do

I am gonig to meet some friends

you must not come home late

you must be home at half past ten

I can not get home so early

查看 hadoop 的版本号。

[root@bds001 ~]#hadoop version

运行示例程序 wordcount 统计 notababy.txt 数据文件中各单词的个数。

[root@bds001 ~]#cd /usr/local/hadoop-3.3.1/share/hadoop/mapreduce

[root@bds001 mapreduce]#hadoop jar hadoop-mapreduce-examples-3.3.1.jar \

>   /root/tmp/notababy.txt /ouput/rslt

如图 2-18 所示为程序运行过程。

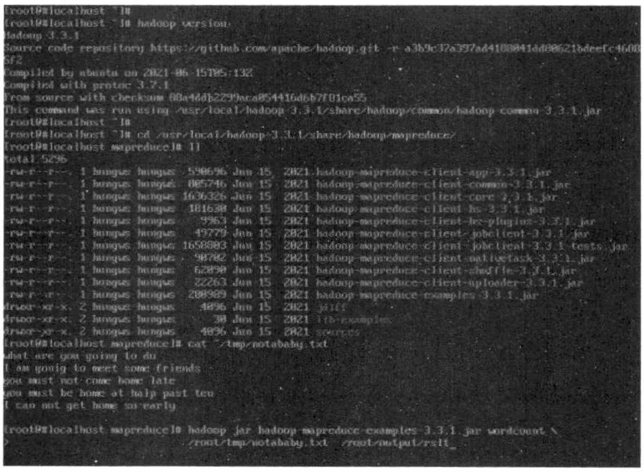

图 2-18　测试 Hadoop

程序执行后，结果保存在 /root/ouput/rslt 目录的 part-00000 文件中。

[root@bds001 ~]#ll output/rslt

[root@bds001 ~]#cat output/rslt/part-r-00000

如图 2-19 所示为程序运行结果。

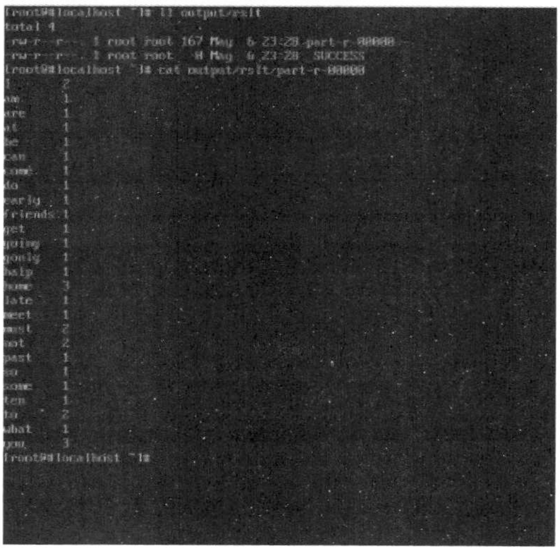

图 2-19　查看 Hadoop 测试结果

7. 配置 Hadoop 伪分布模式

Hadoop 伪分布模式是在单一节点上模拟分布式环境，它具有 Hadoop 的所有特性，可用于大数据应用开发与测试，但不能用于生产环境。在本地模式的基础上通过修改 /root/.bash_profile 和 Hadoop 安装目录下的配置文件 hdfs-site.xml、core-site.xml、mapred-site.xml、yarn-site.xml 来把 Hadoop 转换成伪分布模式。

（1）修改 /root/.bash_profile

[root@bds001 ~]#vi .bash_profile

在文件尾添加配置项，如图 2-20 所示。

```
export HDFS_DATANODE_USER=root
export HDFS_DATANODE_SECURE_USER=root
export HDFS_NAMENODE_USER=root
export HDFS_SECONDARYNAMENODE_USER=root
export YARN_RESOURCEMANAGER_USER=root
export YARN_NODEMANAGER_USER=root
```

图 2-20 配置 Hadoop 伪分布模式

HDFS_DATANODE_USER：数据节点账户

HDFS_DATANODE_SECURE_USER：数据节点安全账户

HDFS_NAMENODE_USER：名称节点登录账户

HDFS_SECONDARYNAMENODE_USER：第二名称节点登录账户

YARN_RESOURCEMANAGER_USER：YARN 资源管理进程账户

YARN_NODEMANAGER_USER：YARN 节点管理进程账户

YARN 是 Hadoop 2.0 以后引入的用于集群资源统一管理和调度的框架。

（2）配置 hdfs-site.xml

[root@bds001 hadoop]#vi hdfs-site.xml

在标签 <configuration>…</configuration> 中添加复制因子和权限属性，如图 2-21 所示。

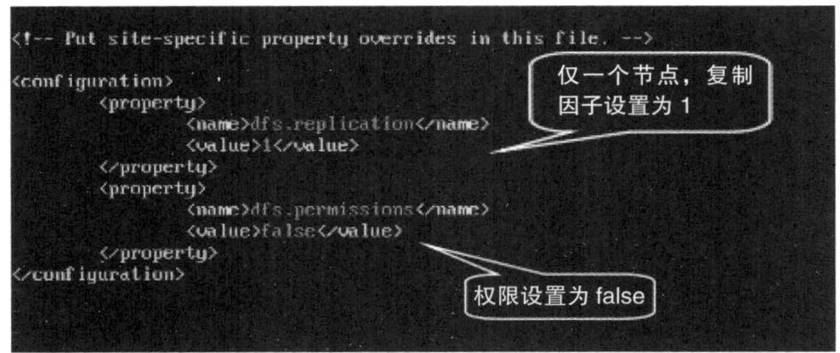

图 2-21 配置 hdfs-site.xml 文件

（3）配置 core-site.xml

[root@bds001 hadoop]#vi core-site.xml

在文件中配置 NameNode 的主机地址以及 HDFS 在本地的目录，如图 2-22 所示。

```
<!-- Put site-specific property overrides in this file. -->

<configuration>
        <property>
                <name>fs.defaultFS</name>
                <value>hdfs://bds001:9000</value>
        </property>

        <property>
                <name>hadoop.tmp.dir</name>
                <value>/root/tmp</value>
        </property>
</configuration>
```

设置 NameNode 节点主机及端口

设置 HDFS 的数据目录

图 2-22　配置 core-site.xml

（4）配置 mapred-site.xml

[root@bds001 hadoop]#vi mapred-site.xml

此文件中主要设置 MapReduce 运行依赖的框架名 yarn 和 Hadoop 相关的环境变量，如图 2-23 所示。

```
<!-- Put site-specific property overrides in this file. -->

<configuration>
        <property>
                <name>mapreduce.framework.name</name>
                <value>yarn</value>
        </property>

        <property>
                <name>yarn.app.mapreduce.am.env</name>
                <value>HADOOP_MAPRED_HOME=${HADOOP_HOME}</value>
        </property>

        <property>
                <name>mapreduce.map.env</name>
                <value>HADOOP_MAPRED_HOME=${HADOOP_HOME}</value>
        </property>

        <property>
                <name>mapreduce.reduce.env</name>
                <value>HADOOP_MAPRED_HOME=${HADOOP_HOME}</value>
        </property>
</configuration>
```

图 2-23　配置 mapred-site.xml

（5）配置 yarn-site.xml

[root@bds001 hadoop]#vi yarn-site.xml

需要设置 YARN 的 ResouceManager（资源管理器）的主机名和 NodeManager（节点管理器）执行任务的方式，如图 2-24 所示。

```
<!-- Site specific YARN configuration properties -->
        <property>
                <name>yarn.resourcemanager.hostname</name>
                <value>bds001</value>
        </property>

        <property>
                <name>yarn.nodemanager.aux-services</name>
                <value>mapreduce_shuffle</value>
        </property>
</configuration>
```

图 2-24　配置 yarn-site.xml

(6)格式化 NameNode

[root@bds001 ~]#hdfs namenode -format

格式化 NameNode 就是在指定的目录，如 /root/tmp 中建立 HDFS 分布式文件系统，成功格式化后，将在 /root/tmp 中依次建立目录 dfs、name、current 并生成记录有 HDFS 元数据的 fsimage 文件，如图 2-25 所示。

```
[root@localhost ~]# ll tmp
total 4
drwxr-xr-x. 3 root root  18 May  6 23:38 dfs
-rw-r--r--. 1 root root 148 May  6 23:24 notahabq.txt
[root@localhost ~]# ll tmp/dfs/
total 0
drwxr-xr-x. 3 root root 21 May  6 23:38 name
[root@localhost ~]# ll tmp/dfs/name/
total 0
drwx------. 2 root root 112 May  6 23:38 current
[root@localhost ~]# ll tmp/dfs/name/current/
total 16
-rw-r--r--. 1 root root 399 May  6 23:38 fsimage_0000000000000000000
-rw-r--r--. 1 root root  62 May  6 23:38 fsimage_0000000000000000000.md5
-rw-r--r--. 1 root root   2 May  6 23:38 seen_txid
-rw-r--r--. 1 root root 213 May  6 23:38 VERSION
[root@localhost ~]# _
```

图 2-25 格式化 NameNode 生成的工作目录

(7)启动 Hadoop

[root@bds001 ~]#start-all.sh

启动脚本程序将依次启动 NameNode、DataNode、SecondaryNameNode、Resource Manager 和 NodeManager 进程，如图 2-26 所示。

```
[root@bds001 ~]#
[root@bds001 ~]# start-all.sh
Starting namenodes on [bds001]
Last login: Fri May  6 23:54:44 CST 2022 on tty2
Starting datanodes
Last login: Fri May  6 23:55:15 CST 2022 on tty2
Starting secondary namenodes [bds001]
Last login: Fri May  6 23:55:17 CST 2022 on tty2
Starting resourcemanager
Last login: Fri May  6 23:55:31 CST 2022 on tty2
Starting nodemanagers
Last login: Fri May  6 23:55:35 CST 2022 on tty2
[root@bds001 ~]# jps
2777 ResourceManager
2905 NodeManager
2186 NameNode
3147 Jps
2540 SecondaryNameNode
2310 DataNode
[root@bds001 ~]# _
```

图 2-26 启动 Hadoop

(8)通过浏览器查看 HDFS 的状态

在浏览器地址栏输入 http://bsd001:9870 打开 HDFS 的 Web 界面，如图 2-27 所示，可以查看 HDFS 各方面的运行状态数据。

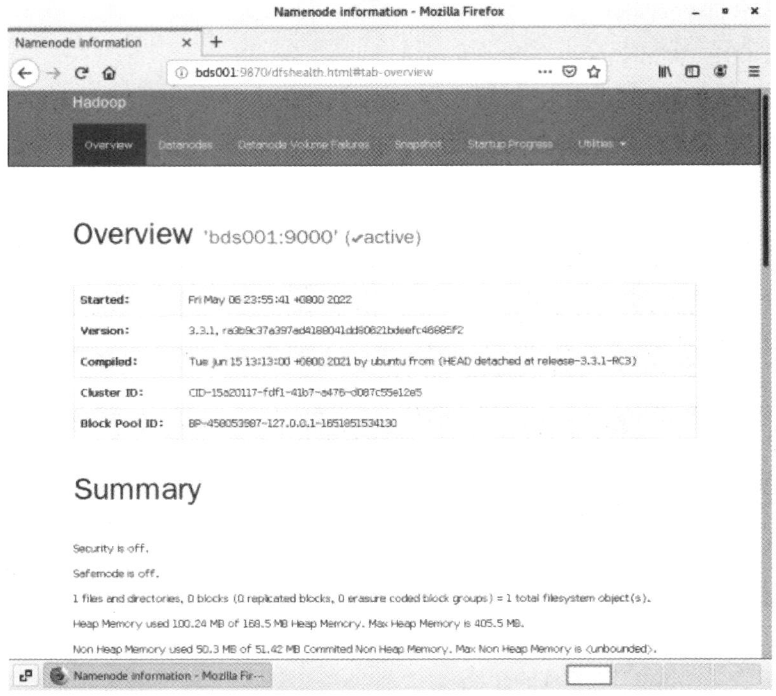

图 2-27 查看 HDFS 的状态

8. 配置 Hadoop 全分布模式

以 3 个节点组成集群为例，按照节点 bds001 的操作流程，完成 bds002 和 bds003 节点主机 Hadoop 的安装。

（1）配置各节点

现在有 3 个节点，可以把 HDFS 的复制因子属性 dfs.replication 的值设置为 2，该值最大不超过 3，然后修改配置文件 workers 设置从节点主机名。

```
[root@bds001 hadoop]#vi workers
bds002
bds003
```

把节点 bds001 中的配置文件复制到 bds002 和 bds003 中，可参考如下命令执行。

```
[root@bds001 ~]#scp  /usr/local/hadoop-3.3.1/etc/hadoop/* \
>                root@bds002:/usr/local/hadoop-3.3.1/etc/hadoop
```

（2）在节点 bds001 对 NameNode 执行格式化

```
[root@bds001 ~]#hdfs namenode  –fomat
```

NameNode 格式化成功后，将显示如图 2-28 所示的信息。

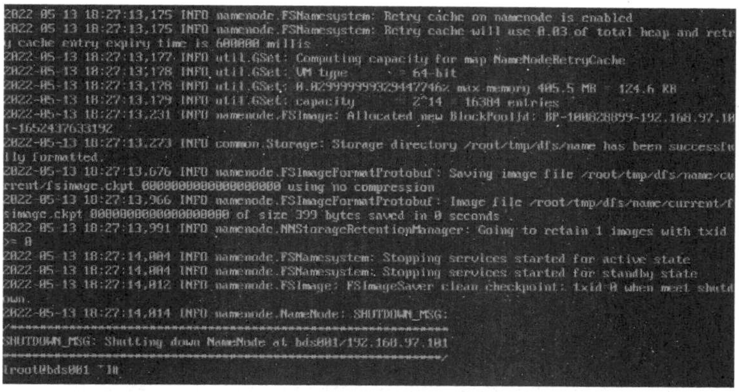

```
2022-05-13 18:27:13,175 INFO namenode.FSNamesystem: Retry cache on namenode is enabled
2022-05-13 18:27:13,175 INFO namenode.FSNamesystem: Retry cache will use 0.03 of total heap and retr
y cache entry expiry time is 600000 millis
2022-05-13 18:27:13,177 INFO util.GSet: Computing capacity for map NameNodeRetryCache
2022-05-13 18:27:13,178 INFO util.GSet: VM type       = 64-bit
2022-05-13 18:27:13,178 INFO util.GSet: 0.029999999329447746% max memory 405.5 MB = 124.6 KB
2022-05-13 18:27:13,179 INFO util.GSet: capacity      = 2^14 = 16384 entries
2022-05-13 18:27:13,231 INFO namenode.FSImage: Allocated new BlockPoolId: BP-100028899-192.168.97.10
1-1652437633192
2022-05-13 18:27:13,273 INFO common.Storage: Storage directory /root/tmp/dfs/name has been successfu
lly formatted.
2022-05-13 18:27:13,676 INFO namenode.FSImageFormatProtobuf: Saving image file /root/tmp/dfs/name/cu
rrent/fsimage.ckpt_0000000000000000000 using no compression
2022-05-13 18:27:13,966 INFO namenode.FSImageFormatProtobuf: Image file /root/tmp/dfs/name/current/f
simage.ckpt_0000000000000000000 of size 399 bytes saved in 0 seconds .
2022-05-13 18:27:13,991 INFO namenode.NNStorageRetentionManager: Going to retain 1 images with txid
>= 0
2022-05-13 18:27:14,004 INFO namenode.FSNamesystem: Stopping services started for active state
2022-05-13 18:27:14,004 INFO namenode.FSNamesystem: Stopping services started for standby state
2022-05-13 18:27:14,012 INFO namenode.FSImage: FSImageSaver clean checkpoint: txid=0 when meet shutd
own.
2022-05-13 18:27:14,014 INFO namenode.NameNode: SHUTDOWN_MSG:
/************************************************************
SHUTDOWN_MSG: Shutting down NameNode at bds001/192.168.97.101
************************************************************/
[root@bds001 ~]#
```

图 2-28　全分布模式 NameNode 格式化

在指定的 /root/tmp 目录下生成如图 2-29 所示的目录结构和文件。其中 fsimage 打头的是元数据文件，edits 打头的是日志文件。

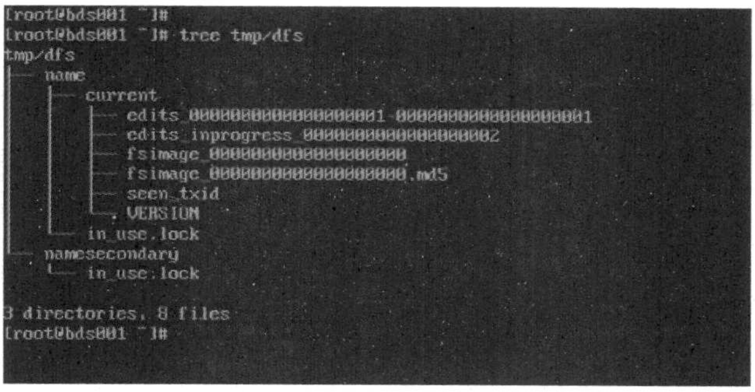

```
[root@bds001 ~]#
[root@bds001 ~]# tree tmp/dfs
tmp/dfs
├── name
│   ├── current
│   │   ├── edits_0000000000000000001-0000000000000000001
│   │   ├── edits_inprogress_0000000000000000002
│   │   ├── fsimage_0000000000000000000
│   │   ├── fsimage_0000000000000000000.md5
│   │   ├── seen_txid
│   │   └── VERSION
│   └── in_use.lock
└── namesecondary
    └── in_use.lock

3 directories, 8 files
[root@bds001 ~]#
```

图 2-29　全分布 NameNode 格式化生成的目录与文件

在 DataNode 节点主机的 /root/tmp 目录下则创建了如图 2-30 所示的目录和文件，它们将用于实际存储数据文件。注意，数据文件将分成若干数据块存储到多个 DataNode 节点上，这些文件和目录受 HDFS 管理使用。

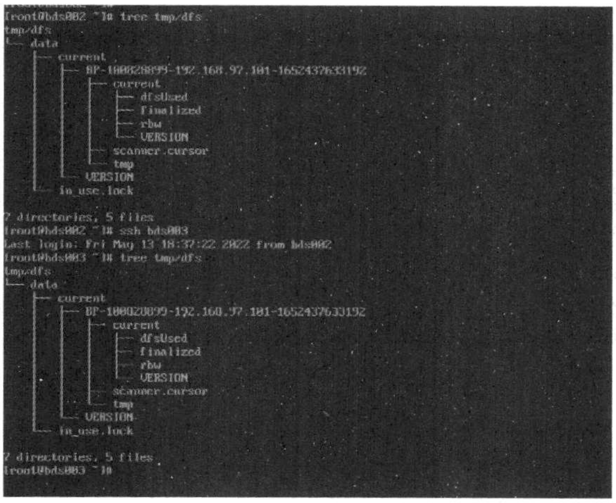

```
[root@bds002 ~]# tree tmp/dfs
tmp/dfs
└── data
    ├── current
    │   ├── BP-100028899-192.168.97.101-1652437633192
    │   │   ├── current
    │   │   │   ├── dfsUsed
    │   │   │   ├── finalized
    │   │   │   ├── rbw
    │   │   │   └── VERSION
    │   │   ├── scanner.cursor
    │   │   └── tmp
    │   └── VERSION
    └── in_use.lock

7 directories, 5 files
[root@bds002 ~]# ssh bds003
Last login: Fri May 13 18:37:22 2022 from bds002
[root@bds003 ~]# tree tmp/dfs
tmp/dfs
└── data
    ├── current
    │   ├── BP-100028899-192.168.97.101-1652437633192
    │   │   ├── current
    │   │   │   ├── dfsUsed
    │   │   │   ├── finalized
    │   │   │   ├── rbw
    │   │   │   └── VERSION
    │   │   ├── scanner.cursor
    │   │   └── tmp
    │   └── VERSION
    └── in_use.lock

7 directories, 5 files
[root@bds003 ~]#
```

图 2-30　DataNode 节点主机中生成的工作目录

（3）在主节点 bds001 启动 Hadoop 进入全分布模式

[root@bds001 ~]#start-all.sh

在 NameNode 节点上启动 Hadoop，除启动 NameNode 的相关服务外，还会自动启动集群中的 DataNode 服务，如图 2-31 和图 2-32 所示。

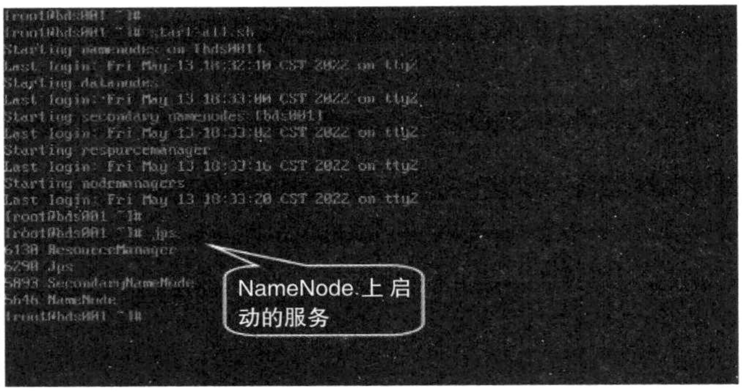

图 2-31　启动 Hadoop 全分布模式

图 2-32　DataNode 节点机上开启的服务

（4）测试全分布式 HDFS

在节点 bds001 操作，在 HDFS 的根目录下创建目录 dbase，并把本地文件系统中的 /root/tmp/notababy.txt 文件复制到 HDFS 的 /dbase 中，然后在节点 bds003 操作，列出 HDFS 的 /dbase 的目录，并查看其中的 notababy.txt 文件内容，如图 2-33 所示。

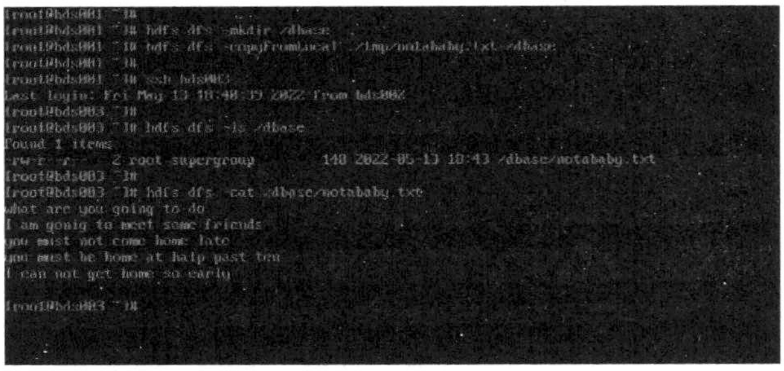

图 2-33　测试全分布式 HDFS

三、管理 HDFS 系统中的文件

HDFS 分布式文件系统的存储空间分布在不同的节点上，与 Linux 的文件系统相似，其在逻辑上是一个整体，都有一个根目录。Hadoop 为操作 HDFS 系统中的文件提供了 HDFS shell，让用户可以像在 Linux 系统中那样创建目录，复制、删除文件。

1. 查看 HDFS 目录列表

```
[root@bds001 ~]hdfs dfs - ls /
```

2. 在 HDFS 系统中新建目录

```
[root@bds001 ~]hdfs dfs - mkdir /data
```

3. 把本地文件复制到 HDFS

```
[root@bds001 ~]hdfs dfs - copyFromLocal ./tmp/notababy.txt /data
```

4. 查看 HDFS 系统中的文本文件

```
hdfs dfs - cat /data/notababy.txt
```

HDFS 的目录文件操作如图 2-34 所示。

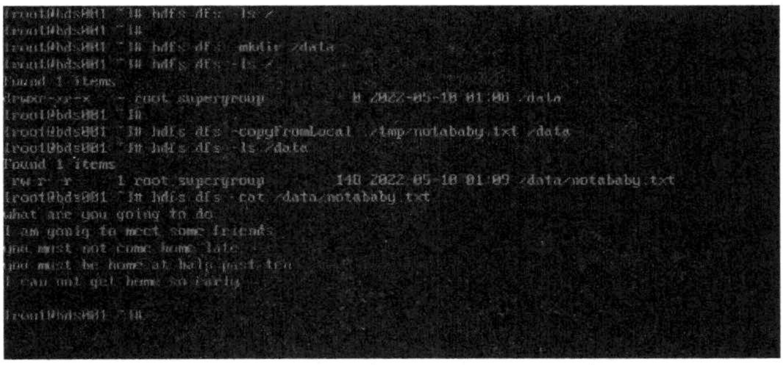

图 2-34 HDFS 的目录文件操作

5. HDFS 的常用文件操作命令

HDFS 的常用文件操作命令见表 2.2，输入 hdfs dfs 可获得简明帮助。

表 2-2 HDFS 的常用文件操作命令

命令	选项	功能	练习
hdfs dfs	-chgrp	修改所属组	
	-chown	修改属主	
	-chmod	修改权限	
	-copyToLocal	复制文件到本地	
	-cp	复制文件	
	-mv	移动文件	
	-rm	删除文件	
	-rmdir	删除目录	
	-moveFromLocal	从本地移动	
	-moveToLocal	移动到本地	
	-put	上传到 HDFS	
	-get	下载到本地	

岗证须知

要获得大数据平台运维技能证书，要求从业人员能独立完成 Hadoop 集群基础环境配置，包括关闭防火墙、Selinux，安装、测试 JDK，完成单点、伪分机和集群部署。

要获得大数据平台管理与开发技能证书，要求从业人员能理解 HDFS 的存储机制，能启动、停止 HDFS 组件和查看 HDFS 节点的运行健康状态和资源使用情况，以完成 HDFS 系统文件的基础管理。

检 查

一、填空题

1. Hadoop 平台的数据存储在________________中。
2. YARN 的作用是________________，协调服务由___________实现。
3. 计算机节点是指_____________________________的计算机系统。
4. HDFS 由______________和______________节点组成。
5. HDFS 文件系统中，读写的基本单位称为_________。
6. NameNode 维护两个重要的数据文件：___________和___________。
7. NameNode 在_________时，用户不能向 HDFS 写入数据。
8. HDFS 的冗余复制因子默认值为_____，数据存储在_________节点上。
9. Hadoop 的组件服务通过___________连接到集群中的节点机上。
10. Hadoop 有_________、___________、_________3 种部署方式。
11. 格式化 HDFS 在_________节点上执行，命令是________________。
12. Hadoop 的主目录环境变量是________________________。

二、判断题

1. HDFS 中一个文件会全部保存到某个节点机上。 (　　)
2. HBase 的数据实际存储在 HDFS 系统中。 (　　)
3. HDFS 是主 / 从架构的，所以没有单点故障。 (　　)
4. HDFS 系统中一个数据块的多个副本存储在一个机架的节点上。 (　　)
5. Hadoop 只能以 root 身份启动。 (　　)
6. Hadoop 基于 Java 平台才能运行。 (　　)
7. Hadoop 的伪分布模式可用于生产环境。 (　　)
8. DataNode 执行实际的数据读写作业。 (　　)

三、简答题

1. 画图描述 Hadoop 平台的组成架构。
2. 简述 Secondary NameNode（第二名称节点）的作用。
3. 解释 HDFS 系统中文件数据块的流水线复制机制。
4. 简述 Java 的安装与配置过程。
5. 简述部署分布式 Hadoop 的主要步骤。
6. 写出执行下列操作的命令。

（1）在 HDFS 的根目录中建立目录 wordlib 和 rem。
（2）从本地 /home/nwlist 复制到 wordlib 中。
（3）把 HDFS 中 /wordlib/nwlist 复制到 /rem。
（4）查看 HDFS 中 /rem/nwlist 的内容。
（5）删除 HDFS 中的 /wordlib/nwlist。

评 价

根据学习情况自查，在对应的知识点认知分级栏中打“√”。

序号	评价内容	识记	理解	应用	分析	评价	创造	问题
1	Hadoop 生态圈的组成							
2	Hadoop 的版本与选择							
3	HDFS 的组成架构							
4	HDFS 的工作原理和特性							
5	Hadoop 部署模式的选择							
6	Hadoop 全分布式部署							
7	HDFS 文件系统的操作							

教师诊断评语：

任务二　使用 ZooKeeper 协调服务

资 讯

--- 任务描述：

景泰木材加工厂的 Hadoop 大数据平台已上线运行一段时间，随着大数据应用的开展，系统中又增加了几个节点服务器，平台的规模变大了。管理员发现运行在 Hadoop 平台中的服务基本上是 Master/Slave（主 / 从）结构，且集群中节点的各种对等服务的配置数据也是相同的，一旦应用要求更改服务器的参数，需要管理员手动完成每个服务器的配置，这将耗费大量的时间；另一方面，主 / 从式的服务为避免 Master 节点失效引发单点故障，均采用双 Master 方式，如何选择活动 Master 以及失效后向备用 Master 安全切换都会影响大数据平台的正常工作，他希望有一种简便的方法来自动完成这种工作。大力了解情况后，推荐他使用 ZooKeeper 分布式应用程序协调服务来解决分布式集群中应用系统的一致性问题。大力需要完成的培训内容有：

① ZooKeeper 的架构组成和工作机制；

②安装配置 ZooKeeper 的方法；

③管理 ZooKeeper 的方法。

--- 知识准备：

一、ZooKeeper 的架构和数据存储

ZooKeeper 是 Hadoop 生态圈中的一个分布式应用程序协调服务组件。它维护和监控集群中各类对等服务相关配置及状态数据的变化，并同步到相关的对等服务中，以保持分布式集群中各种对等服务的一致性。

1. ZooKeeper 的架构

ZooKeeper 的架构是一个由若干服务器节点组成的集群，其中一个节点称为 Leader（首领），其余的节点为 Follower（跟班）。当 Clinet 客户程序连接到 ZooKeeper 并请求写操作时，首先由 Leader 响应请求，把变更的数据写入 Leader 所在节点服务器的本地文件系统，然后把变更后的数据加载到内存中，供其他 Client 程序读取以更新配置并调节自身的运行状态，然后 Leader 节点上的数据会同步给集群中的其他 Follower 节点。ZooKeeper 将所维护的数据加载到内存中，以提高数据读取的速度，如图 2-35 所示。

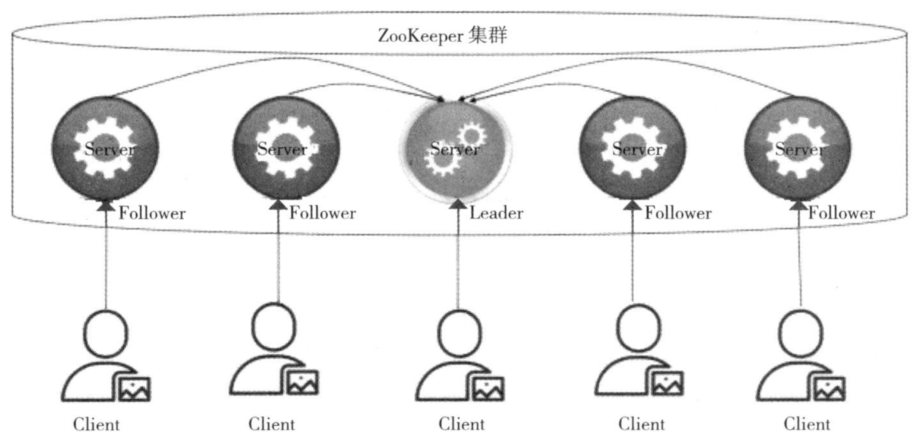

图 2-35 ZooKeeper 的架构

ZooKeeper 集群一般由奇数个 ZooKeeper 服务节点组成，是一个典型的主 / 从结构，主节点就是 Leader，从节点为 Follower，它们共同维护分布式系统中各类对等服务关键数据的多个副本，并通过 ZAB(ZooKeeper Atomic Broadcast)协议来维护各副本的一致性。基于其获取的服务状态信息，ZooKeeper 可以为服务选择活动 Master 及辅助服务实现主备 Master 之间的切换。因此，ZooKeeper 具备为 Leader 或活动 Master 选择及获取服务状态信息的基本能力。

2. ZooKeeper 的数据存储

ZooKeeper 在内存中维护了一个类似文件系统的树型数据存储结构用于存储其获得的集群中各类服务的状态信息。该树型结构上的节点(对应文件系统中的文件夹或目录)称为 znode，每个 znode 存储相关的数据和下一级子 znode 的信息。存储在 znode 中的数据被客户原子性 (通俗地说就是整体打包) 读取或写入，不支持部分读和部分写操作。

znode 中存储的数据是集群中服务的状态信息、配置参数以及位置数据，数据量不大，故可直接存储在内存中。ZooKeeper 的数据存储模型如图 2-36 所示。

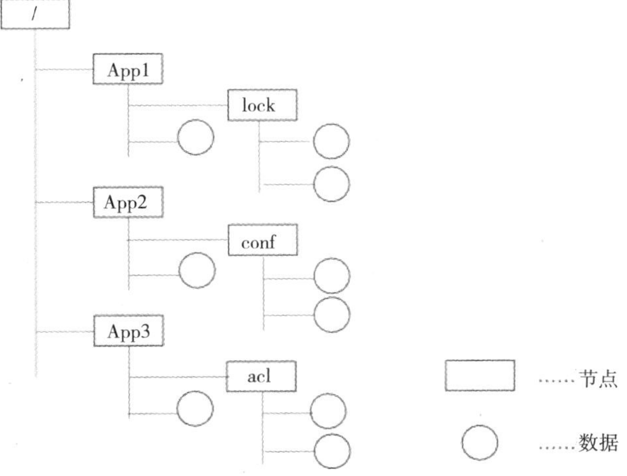

图 2-36 ZooKeeper 的数据存储结构

在 ZooKeeper 系统中有 4 种类型的 znode。

①持久 znode：一经创建将一直保存，直到客户显示删除为止。

②临时 znode：客户与 ZooKeeper 服务建立会话时创建，会话结束自动删除。

③持久顺序 znode：具有与持久 znode 相同的特性外，在创建时，ZooKeeper 将在节点名后缀一个 10 位长的自增序号，以标志节点创建的先后顺序。如在 /App3/acl 节点下创建持久顺序 znode 节点 deny，其第一个节点的名称将是 /App3/acl/deny-0000000000，第二个为 /App3/acl/deny-0000000001……

④临时顺序 znode：除与临时 znode 特性相同外，也如同持久顺序 znode，在创建时，会在节点名添加代表创建先后顺序的自增长数字编号。

znode 有一个用于记录客户数据的数据域，它是一个字节数组，还包括一个版本号域 version、子节点域 children 和访问控制域 ACL。版本号域记录 znode 中数据的版本，每次有数据更新版本号将加 1；子节点域记录该节点的子节点信息，临时 znode 没有子节点；ACL 控制客户对 znode 的访问权限。

二、ZooKeeper 的工作机制

1. 观察者（Watcher）机制

ZooKeeper 允许客户向 ZooKeeper 服务器的 znode 注册一个 Watcher，Watcher 是一个执行某种功能逻辑的程序对象，当所注册的 znode 的状态（包括节点创建与删除、节点数据修改）发生变化时，ZooKeeper 将通知注册 Watcher 的客户，以执行 Watcher 中定义的执行逻辑。Watcher 机制包括客户进程、Watcher 管理器和 ZooKeeper 服务器，如图 2-37 所示。

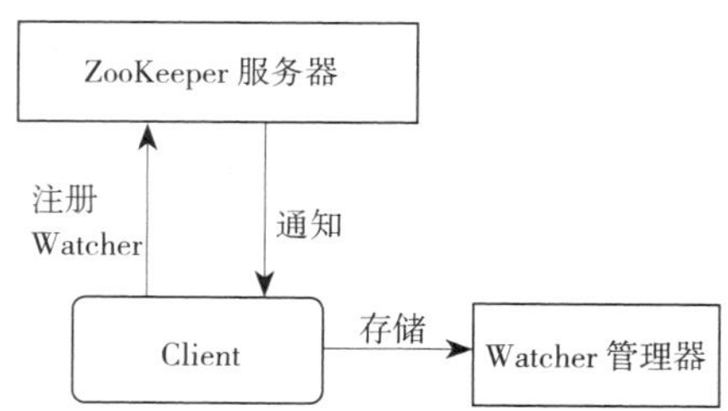

图 2-37　ZooKeeper 的 Watcher 机制

客户进程在向 ZooKeeper 服务器的 znode 注册 Watcher 的时候，也同时存储到客户端的 Watcher 管理器中，当 znode 有变化时，ZooKeeper 服务器通知客户，客户端则从 Watcher 管理器中取出相应的 Watcher 执行，可能是修改服务配置，也可能是切换主备 Master 等任务。

2. 实现分布式锁机制

在分布式环境中，不允许同时有多个客户访问同一数据。当一个客户正在访问时，其他客户必须等待。这需要使用锁机制，只有获得数据锁的客户可以访问数据，在

Hadoop 分布式环境中，通常使用 ZooKeeper 来实现分布锁。

当一个客户需要获得想要访问数据的锁，它必须连接到 ZooKeeper 服务器，并在相应的锁节点下创建一个临时顺序节点，然后查询该锁节点下的所有子节点列表，并判断子节点序号最小的节点是否为自己所创建，如果是，则获得锁，否则监听排在自己前一位的子节点的删除事件，若所监听的子节点被删除，则获得数据锁，开始执行业务代码，完成后，删除自己之前创建的子节点以释放数据锁。其他客户以相同的方法来访问数据。

如果已获锁的客户进程所在计算机发生故障， ZooKeeper 在规定的时间内没有接收到客户端的心跳（一段代表客户端健康状态的数据），则会认为会话失效，ZooKeeper 将删除临时子节点来释放锁以让其他客户能继续访问数据。

3. Leader 选择机制

ZooKeeper 实现 Leader 选择的基本思想是让一组参与 Leader 竞争的服务器同时在 ZooKeeper 创建指定的 znode，谁先创建成功谁就成为 Leader，并把自己的信息写入该 znode 的数据域，而其他竞争者则向该 znode 注册 Watcher，当 Leader 失效时，再发起新一轮 Leader 竞选。Hadoop 生态圈中的 HDFS、YARN、HBase 均采用此方法解决 Leader 选举问题。

实践真知

1. Watcher 机制是如何工作的？它能实现哪些功能？

2. ZooKeeper 是怎样实现分机锁的？

计划&决策

当前，景泰木材加工厂的大数据平台的节点数还不是太多，管理员人工管理各个节点的各类服务信息的一致性还能应付，但随着系统规模的进一步增长，这种方式不但费力耗时，甚至会引发系统故障。出于长期发展考虑，未雨绸缪，决定在系统中部署 ZooKeeper 分布式应用程序协调服务器来保障平台的各节点相关信息的一致性和服务的可靠运行。大力制订了如下工作计划。

①指导管理员认识 ZooKeeper 的框架组成和工作原理。

②带领管理员部署 ZooKeeper。

③指导管理员对 ZooKeeper 实施基础管理。

实 施

一、安装配置 ZooKeeper

在 ZooKeeper 官方网站上下载 ZooKeeper 的二进制安装包，如 apache-zookeeper-3.7.1-bin.tar.gz，然后复制到目录 /usr/local/src 中。

1. 部署单机模式

在测试或开发环境下，因资源所限可以使用 ZooKeeper 的单机模式，只能启动一个 ZooKeeper 进程，不可用于生产环境。

（1）安装 ZooKeeper

```
[root@bds001 ~]# tar  - zxf /usr/local/src/apache-zookeeper-3.7.1-bin.tar.gz \
>           -C  /usr/local
```

由于自动生成的安装目录名 apache-zookeeper-3.7.1-bin 过长，为便于使用，把它修改成 zookeeper-3.7.1。

```
[root@bds001 ~]#mv /usr/local/apache-zookeeper-3.7.1-bin    \
>           /usr/local/zookeeper-3.7.1
```

安装过程如图 2-38 所示。

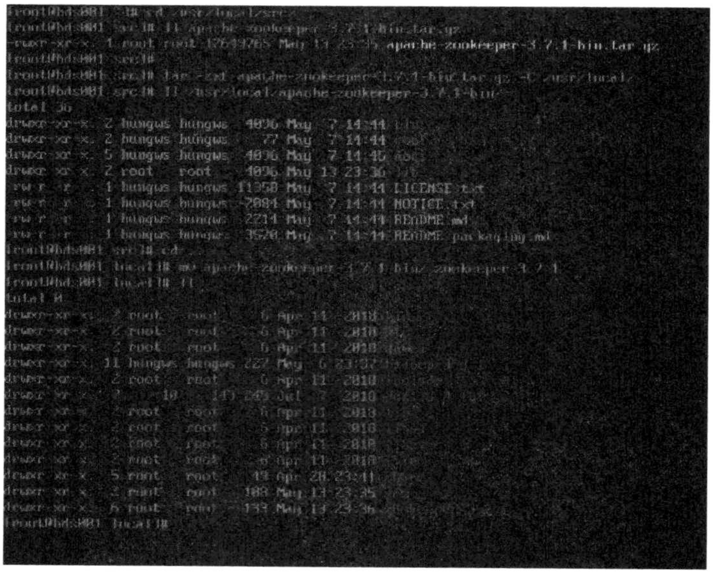

图 2-38　安装 ZooKeeper

（2）配置 ZooKeeper

建立环境变量 ZOOKEEPER_HOME，并把安装目录下的 bin 和 conf 目录添加到搜索路径中。

```
[root@bds001 ~]#vi .bash_profile
```

export ZOOKEEPER_HOME=/usr/local/zookeeper-3.7.1

export PATH=$PATH:$ZOOKEEPER_HOME/bin:$ZOOKEEPER_HOME/conf

执行 source .bash_profile 让配置生效。

[root@bds001 ~]#source .bash_profile

在$ZOOKEEPER_HOME/conf 中建立配置文件 zoo.cfg。

[root@bds001 ~]#vi /usr/local/zookeeper-3.7.1/conf/zoo.cfg

tickTime=2000

dataDir=/usr/local/zookeeper-3.7.1/data

clientPort=2181

其中，tickTime 设置服务进程的心跳时长，单位为毫秒；dataDir 设置 Zookeeper 相关数据的本地存放目录；clientPort 设置客户连接的服务端口，默认值为 2181。

（3）启动 ZooKeeper 服务

[root@bds001 ~]#zkServer.sh start

zkServer.sh 是 ZooKeeper 的服务管理脚本程序，zkServer.sh stop 停止服务，zkServer.sh status 查看服务状态，如图 2-39 所示。

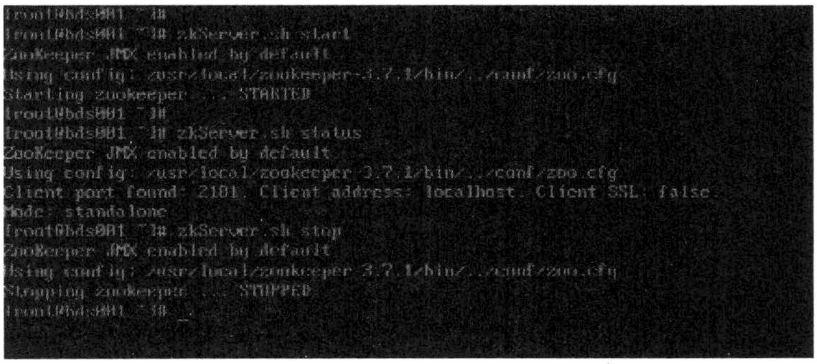

```
[root@bds001 ~]#
[root@bds001 ~]# zkServer.sh start
ZooKeeper JMX enabled by default
Using config: /usr/local/zookeeper-3.7.1/bin/../conf/zoo.cfg
Starting zookeeper ... STARTED
[root@bds001 ~]#
[root@bds001 ~]# zkServer.sh status
ZooKeeper JMX enabled by default
Using config: /usr/local/zookeeper-3.7.1/bin/../conf/zoo.cfg
Client port found: 2181. Client address: localhost. Client SSL: false.
Mode: standalone
[root@bds001 ~]# zkServer.sh stop
ZooKeeper JMX enabled by default
Using config: /usr/local/zookeeper-3.7.1/bin/../conf/zoo.cfg
Stopping zookeeper ... STOPPED
[root@bds001 ~]# _
```

图 2-39 启动 ZooKeeper 服务

2. 部署伪分布模式

伪分布模式仍然是在单个计算机上运行，但可同时运行多个 ZooKeeper 服务进程，适用于开发环境，安装方法与单机模式相同。以下为在单机模式基础上配置部署有 3 个进程的伪分布模式，需要为每个服务进程建立配置文件，并为之分别建立存放数据的目录以及日志目录，还需要在相应的数据目录中建立进程 ID 号文件 myid。

（1）建立配置文件

[root@bds001 ~]#vi /usr/local/zookeeper-3.7.1/conf/zoo_1.cfg

tickTime=2000

initLimit=10

syncLimit=5

dataDir=/usr/local/zookeeper-3.7.1/1.data

dataLogDir=/usr/local/zookeeper-3.7.1/1.logs

```
clientPort=2181
server.1=192.168.97.101:3031:3331
server.2=192.168.97.101:3032:3332
server.3=192.168.97.101:3033:3333
```

其中，initLimit 设置 ZooKeeper 集群中 Follower 服务器初始化时，连接 Leader 服务器可等待的最大心跳数，超过则连接失败，默认值为 10。syncLimit 设置 Follower 与 Leader 同步信息时能等待的最大心跳数。server.ID 用于设置不同的 ZooKeeper 服务进程，ID 号取值 1~255，在 ZooKeeper 集群中唯一，存储到 myid 文件中，其值格式为 host:Lport:Sport，host 是 ZooKeeper 服务所在节点主机名或 IP 地址，Lport 是 Leader 端口，当其成为 Leader 时，供 Follower 连接，Sport 是选举端口，当进行 Leader 竞选时，与其他 Follower 连接用于 Leader 选举。

另外两个 ZooKeeper 服务进程的配置如下：

```
[root@bds001 ~]#vi /usr/local/zookeeper-3.7.1/conf/zoo_2.cfg
tickTime=2000
initLimit=10
syncLimit=5
dataDir=/usr/local/zookeeper-3.7.1/2.data
dataLogDir=/usr/local/zookeeper-3.7.1/2.logs
clientPort=2182
server.1=192.168.97.101:3031:3331
server.2=192.168.97.101:3032:3332
server.3=192.168.97.101:3033:3333
[root@bds001 ~]#vi /usr/local/zookeeper-3.7.1/conf/zoo_3.cfg
tickTime=2000
initLimit=10
syncLimit=5
dataDir=/usr/local/zookeeper-3.7.1/3.data
dataLogDir=/usr/local/zookeeper-3.7.1/3.logs
clientPort=2183
server.1=192.168.97.101:3031:3331
server.2=192.168.97.101:3032:3332
server.3=192.168.97.101:3033:3333
```

（2）建立数据和日志目录

```
[root@bds001 ~]#cd /usr/local/zookeeper-3.7.1/
[root@bds001 zookeeper-3.7.1]#mkdir 1.data;mkdir 2.data;mkdir 3.data
[root@bds001 zookeeper-3.7.1]#mkdir 1.logs;mkdir 2.logs;mkdir 3.logs
```

（3）建立 myid 文件，保存服务进程 ID 号

[root@bds001 zookeeper-3.7.1]#vi 1.data/myid

1

[root@bds001 zookeeper-3.7.1]#vi 2.data/myid

2

[root@bds001 zookeeper-3.7.1]#vi 3.data/myid

3

（4）启动 ZooKeeper 服务

ZooKeeper 服务必须每个分别启动，如图 2-40 所示。

[root@bds001 zookeeper-3.7.1]#zkServer.sh start conf/zoo_1.cfg

[root@bds001 zookeeper-3.7.1]#zkServer.sh start conf/zoo_2.cfg

[root@bds001 zookeeper-3.7.1]#zkServer.sh start conf/zoo_3.cfg

```
[root@bds001 zookeeper-3.7.1]# zkServer.sh start conf/zoo_1.cfg
ZooKeeper JMX enabled by default
Using config: conf/zoo_1.cfg
Starting zookeeper ... STARTED
[root@bds001 zookeeper-3.7.1]# zkServer.sh start conf/zoo_2.cfg
ZooKeeper JMX enabled by default
Using config: conf/zoo_2.cfg
Starting zookeeper ... STARTED
[root@bds001 zookeeper-3.7.1]# zkServer.sh start conf/zoo_3.cfg
ZooKeeper JMX enabled by default
Using config: conf/zoo_3.cfg
Starting zookeeper ... STARTED
[root@bds001 zookeeper-3.7.1]#
```

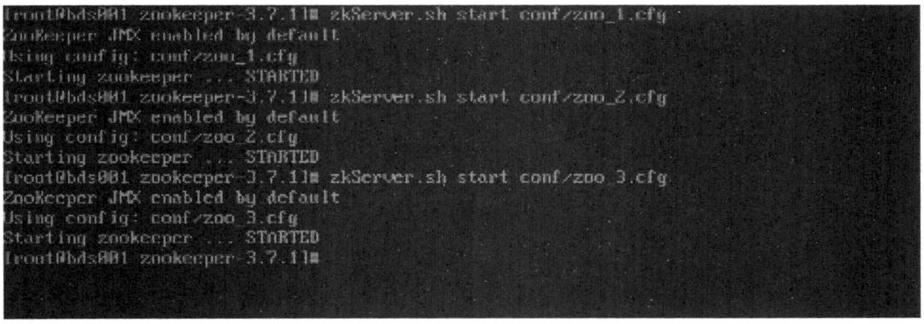

图 2-40 启动 ZooKeeper 服务

（5）查看 ZooKeeper 服务状态

查看 ZooKeeper 服务状态也需要根据不同的配置分别进行，如图 2-41 所示，可以看出它们选举进程 2 为 Leader，其余的将切换成 Follower。

[root@bds001 zookeeper-3.7.1]#zkServer.sh status conf/zoo_1.cfg

[root@bds001 zookeeper-3.7.1]#zkServer.sh status conf/zoo_2.cfg

[root@bds001 zookeeper-3.7.1]#zkServer.sh status conf/zoo_3.cfg

```
[root@bds001 zookeeper-3.7.1]#
[root@bds001 zookeeper-3.7.1]# zkServer.sh status conf/zoo_1.cfg
ZooKeeper JMX enabled by default
Using config: conf/zoo_1.cfg
Client port found: 2181. Client address: localhost. Client SSL: false.
Mode: follower
[root@bds001 zookeeper-3.7.1]# zkServer.sh status conf/zoo_2.cfg
ZooKeeper JMX enabled by default
Using config: conf/zoo_2.cfg
Client port found: 2182. Client address: localhost. Client SSL: false.
Mode: leader
[root@bds001 zookeeper-3.7.1]# zkServer.sh status conf/zoo_3.cfg
ZooKeeper JMX enabled by default
Using config: conf/zoo_3.cfg
Client port found: 2183. Client address: localhost. Client SSL: false.
Mode: follower
[root@bds001 zookeeper-3.7.1]#
```

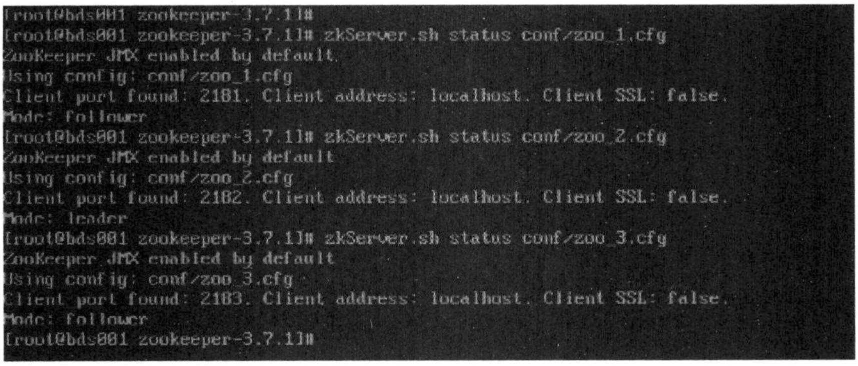

图 2-41 查看 ZooKeeper 服务状态

3. 部署全分布模式

ZooKeeper 全分布模式要求每个 ZooKeeper 服务进程运行在不同的节点计算机上，ZooKeeper 集群按 QJM（Quorum Journal Manager，法定人数日志管理器）规则确定数据更新是否成功，只需要过半数的服务器返回成功即可，因 ZooKeeper 服务器常部署成奇数个，即 2N+1 个，N + 1 个服务器数据更新成功则能保证数据的正确性。本例在 bds001 已完成本地模式的基础上，在 bds001、bds002、bds003 计算机节点部署 ZooKeeper 的全分布模式。

（1）配置 zoo.cfg

```
[root@bds001 zookeeper-3.7.1]#vi conf/zoo.cfg
tickTime=2000
initLimit=10
syncLimit=5
dataDir=/root/data
clientPort=2181

server.1=bds001:9798:9799
server.2=bds002:9798:9799
server.3=bds003:9798:9799
```

（2）在数据目录建立 myid 文件

```
[root@bds001 ~]#vi data/myid
1
```

（3）复制 ZooKeeper 到其他节点计算机

```
[root@bds001 ~]#scp －r /usr/local/zookeeper-3.7.1 \
>                         root@bds002: /usr/local/zookeeper-3.7.1
[root@bds001 ~]#scp －r .bash_profile  root@bds002: /root
[root@bds001 ~]#scp －r data  root@bds002: /root/data
```

以相同的方法复制到 bds003，并修改 bds002 和 bds003 节点中 /root/data 下 myid 的 ID 分别为 2 和 3，保证与 zoo.cfg 中定义的 ID 号相同。

（4）启动 ZooKeeper 全分布模式

在节点上执行 zkServer.sh start 分别启动 ZooKeeper 服务，如图 2-42 所示。

（5）查看 ZooKeeper 服务状态

在 ZooKeeper 所在节点上执行 zkServer.sh status，查看服务状态，如图 2-43 所示。

```
[root@bds001 ~]#
[root@bds001 ~]# zkServer.sh start
ZooKeeper JMX enabled by default
Using config: /usr/local/zookeeper-3.7.1/bin/../conf/zoo.cfg
Starting zookeeper ... STARTED
[root@bds001 ~]#
[root@bds001 ~]# ssh bds002
Last login: Sat May 14 00:02:10 2022 from bds001
[root@bds002 ~]# zkServer.sh start
ZooKeeper JMX enabled by default
Using config: /usr/local/zookeeper-3.7.1/bin/../conf/zoo.cfg
Starting zookeeper ... STARTED
[root@bds002 ~]#
[root@bds002 ~]# ssh bds003
Last login: Sat May 14 00:02:47 2022 from bds002
[root@bds003 ~]# zkServer.sh start
ZooKeeper JMX enabled by default
Using config: /usr/local/zookeeper-3.7.1/bin/../conf/zoo.cfg
Starting zookeeper ... STARTED
[root@bds003 ~]# _
```

图 2-42 启动 ZooKeeper 全分布模式

```
[root@bds001 ~]#
[root@bds001 ~]# zkServer.sh status
ZooKeeper JMX enabled by default
Using config: /usr/local/zookeeper-3.7.1/bin/../conf/zoo.cfg
Client port found: 2181. Client address: localhost. Client SSL: false.
Mode: follower
[root@bds001 ~]#
[root@bds001 ~]# ssh bds002
Last login: Sat May 14 00:05:06 2022 from bds001
[root@bds002 ~]#
[root@bds002 ~]# zkServer.sh status
ZooKeeper JMX enabled by default
Using config: /usr/local/zookeeper-3.7.1/bin/../conf/zoo.cfg
Client port found: 2181. Client address: localhost. Client SSL: false.
Mode: leader
[root@bds002 ~]# ssh bds003
Last login: Sat May 14 00:05:37 2022 from bds002
[root@bds003 ~]#
[root@bds003 ~]# zkServer.sh status
ZooKeeper JMX enabled by default
Using config: /usr/local/zookeeper-3.7.1/bin/../conf/zoo.cfg
Client port found: 2181. Client address: localhost. Client SSL: false.
Mode: follower
[root@bds003 ~]# _
```

图 2-43 查看 ZooKeeper 服务状态

二、管理 ZooKeeper

ZooKeeper 提供了命令行用户界面来管理 ZooKeeper，需要启动 ZooKeeper 客户端登录到 ZooKeeper 集群。

[root@bds001 ~]#zkCli.sh - server bds001:2181

成功登录后，将进入 ZooKeeper 命令行界面。

[zk:bds001:2181(CONNETCTED) 0]

1. 查看节点列表

ls /

2. 创建节点

create /order "ticket"

create /order/one "lunch"

3. 查看节点信息

get –s /order/one

1—3 的操作如图 2-44 所示。

```
[zk: bds001:2181(CONNECTED) 0]
[zk: bds001:2181(CONNECTED) 0] ls /
[zookeeper]
[zk: bds001:2181(CONNECTED) 1] create /order "ticket"
Created /order
[zk: bds001:2181(CONNECTED) 2] create /order/one "lunch"
Created /order/one
[zk: bds001:2181(CONNECTED) 3] ls /order
[one]
[zk: bds001:2181(CONNECTED) 4] get -s /order
ticket
cZxid = 0x100000013
ctime = Sat May 14 00:22:41 CST 2022
mZxid = 0x100000013
mtime = Sat May 14 00:22:41 CST 2022
pZxid = 0x100000014
cversion = 1
dataVersion = 0
aclVersion = 0
ephemeralOwner = 0x0
dataLength = 6
numChildren = 1
```

图 2-44　查看节点列表

4. 修改节点

set /order/one "dinner"

5. 删除节点

delete /order/one

4—5 的操作如图 2-45 所示。

```
[zk: bds001:2181(CONNECTED) 5] set /order/one "dinner"
[zk: bds001:2181(CONNECTED) 6] get -s /order/one
dinner
cZxid = 0x100000014
ctime = Sat May 14 00:23:33 CST 2022
mZxid = 0x100000015
mtime = Sat May 14 00:25:05 CST 2022
pZxid = 0x100000014
cversion = 0
dataVersion = 1
aclVersion = 0
ephemeralOwner = 0x0
dataLength = 6
numChildren = 0
[zk: bds001:2181(CONNECTED) 7] delete /order/one
[zk: bds001:2181(CONNECTED) 8] ls /order
[]
[zk: bds001:2181(CONNECTED) 9]
```

图 2-45　管理节点

岗证须知

要获得大数据平台运维技能证书，要求从业人员能理解ZooKeeper的协调工作机制，能独立配置ZooKeeper基础环境，独立安装、配置、测试ZooKeeper组件。

要获得大数据平台管理与开发技能证书，要求从业人员能启动、停止ZooKeeper组件和查看ZooKeeper组件的运行状态，并能使用ZooKeeper客户端对ZooKeeper数据实施基础管理操作。

检 查

一、填空题

1. ZooKeeper服务器有__________和__________两种角色。
2. ZooKeeper的数据是在__________中组织成类似__________的数据存储结构。
3. ZooKeeper的数据存储在________型结构的节点上，节点称为________。
4. ZooKeeper的服务器节点数应部署为__________。
5. 对znode中数据的读写具有________性。
6. ZooKeeper使用__________znode来实现分布锁。

二、判断题

1. ZooKeeper能协调分布式系统的工作。 ( )
2. ZooKeeper只能实现自身的Leader选举功能。 ( )
3. ZooKeeper的数据组织像文件系统中的目录结构。 ( )
4. ZooKeeper的znode只能保存应用服务的数据。 ( )
5. 在Leader所在节点可启动整个ZooKeeper集群。 ( )

三、简答题

1. ZooKeeper的基本功能是什么？
2. ZooKeeper节点有哪几种类型？
3. 简述Watcher的工作过程。
4. 简述选举Leader的执行机制。
5. 简述配置文件zoo.cfg时，如下常用参数的作用。

tickTime、initLimit、syncLimit、dataDir、clientPort、server.ID

评 价

根据学习情况自查，在对应的知识点认知分级栏中打“√”。

序号	评价内容	识记	理解	应用	分析	评价	创造	问题
1	ZooKeeper 的功能与架构							
2	ZooKeeper 角色的作用							
3	ZooKeeper 的数据模型							
4	ZooKeeper 的工作原理							
5	ZooKeeper 的 znode 类型及特性							
6	Watcher 机制							
7	ZooKeeper 实现分布式锁							
8	ZooKeeper 的部署模式							
9	ZooKeeper 的 znode 管理							
教师诊断评语：								

任务三　使用 YARN 管理资源

微 课

YARN 资源管理的工作流程

资 讯

--- 任务描述：

景泰木材加工厂有在 Hadoop 大数据平台上运行多种数据处理的需求，这需要管理

员熟悉 Hadoop 平台上的资源管理与调度业务。从 Hadoop 2.0 开始，资源管理与调度就从 MapReduce 计算框架中剥离出来，由 YARN 来为各类计算框架提供统一的资源管理和调度功能，一方面提高了集群资源的利用率，另一方面能使服务部署自动化。企业要求充分利用 YARN 来管理平台上的资源为大数据应用处理提供良好的服务。大力将为企业管理开展 YARN 的培训工作，主要培训内容有：

① YARN 的基本架构；

② YARN 的工作流程；

③ YARN 的资源调度机制。

--- 知识准备：

一、YARN 的基本架构

YARN（Yet Another Resource Negotiator，另一个资源洽谈者）是在 Hadoop 系统中广泛使用的资源管理和调度服务。它从 MapReduce 中接管了资源管理与调度功能，让 MapReduce 专职于数据计算，并能向其他计算框架如 Spark、Flink 等提供资源的统一管理与调度服务，不但提高了 Hadoop 系统中资源的利用率，还提升 Hadoop 的灵活性和扩展性。

YARN 架构由 ResourceManager、NodeManager、Container、ApplicationMaster 和 Task 构成，如图 2-46 所示。

YARN 是一个主 / 从架构，ResourceManager 为主节点，NodeManager 是从节点，ResourceManager 负责各 NodeManager 节点资源的统一管理和调度。为避免主 / 从架构的

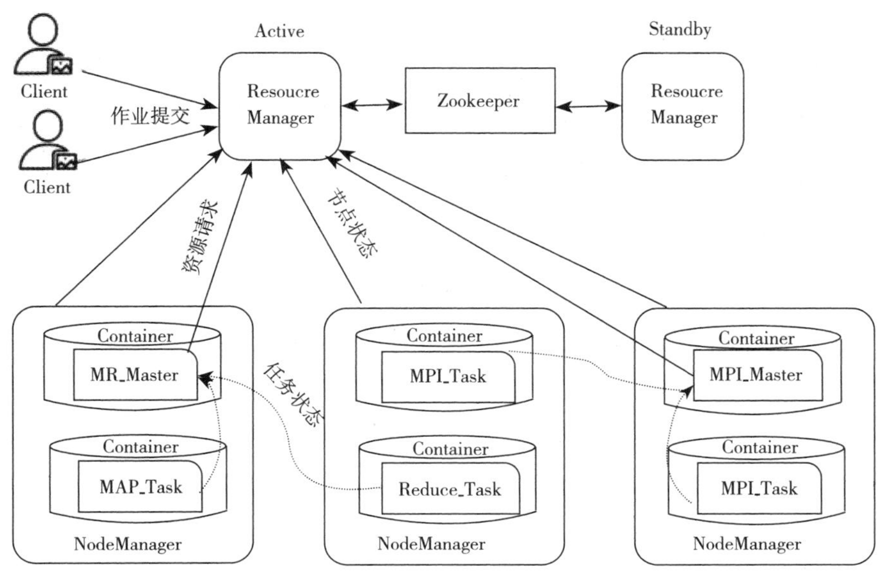

图 2-46 YARN 的基本架构

单点故障，可部署多个 ResourceManager 节点，在 ZooKeeper 的协调下选择 Active（活动）节点实际实施资源管理与调度，其他 ResourceManager 节点则处于 Standby（备用）状态，并实时与活动 ResourceManager 保持数据同步。当活动 ResourceManager 故障时，由 ZooKeeper 在备用 ResourceManage 中选择一个作为活动 ResourceManage，确保 YARN 服务的不间断性。

1. ResourceManager

ResourceManager 即资源管理器，负责整个系统的资源管理与调度。它由 Scheduler（资源调度器）和 ApplicationsManager（应用管理器）组成。它接收用户提交的作业请求，Scheduler 把资源以 Container（容器）为单位分配给应用程序。Applications Manager 负责应用程序提交且与 Scheduler 协商资源以启动 ApplicationMaster，并监控其运行。

2. NodeManager

NodeManager 是系统中每个节点上的资源和任务管理器，它将定时向活动 ResourceManager 报告本节点资源使用情况和各 Container 的运行状态，并接收和处理来自 ApplicationMaster 的 Container 启动 / 停止等请求。NodeManager 不监控任务的执行，只监视 Container 的资源使用情况。

3. Container

Container（容器）是 ResourceManager 分配资源的基本单位，一个 Container 是封装了 CPU、内存、存储、网络连接等资源的程序运行环境，可将 Container 视为一个专门运行程序任务的“虚拟机”。一个 NodeManager 管理着多个 Container，它们相互隔离，在一个 Container 中运行的任务出现故障不会波及其他任务的运行。

4. ApplicationMaster

Hadoop 上的每个应用程序都有一个 ApplicationMaster（应用程序主管），负责应用程序的管理。ApplicationMaster 负责向 ResourceManager 申请资源，然后分配给应用程序的每个 Task（任务）。图 2-46 中的 MR_Master 和 MPI_Master 分别代表 MapReduce 应用程序和 MPI 应用程序的 ApplicationMaster。当用户提交应用程序时，首先启动的是应用程序的 ApplicationMaster，再由它启动应用程序所需要的 Task，并监视 Task 的运行状态，负责重启失败的 Task。ApplicationMaster 也是在 Container 中运行。

5. Task

Task 是应用程序分解而成的可具体执行任务。一个 Hadoop 应用程序都有多个 Task，可分配到不同的节点并行执行，以提高程序执行的效率。

二、YARN 的工作流程

YARN 管理的应用程序分为短作业和长服务两大类，短作业是指可在一定时间运行完成的应用程序，如 MapReduce、Spark、Flink 作业等；长服务是指一直在线运行的服务程序，如 HBase、Storm 等的服务程序。它们在 YARN 上运行的流程是一样的，如图 2-47

所示。

①用户使用客户端程序向 ResourceManager 提交应用程序。应用程序必须包括 ApplicationMaster 的执行代码、启动命令、资源需求以及应用程序相关的执行代码、资源需求、优先级、欲提交的队列等信息。

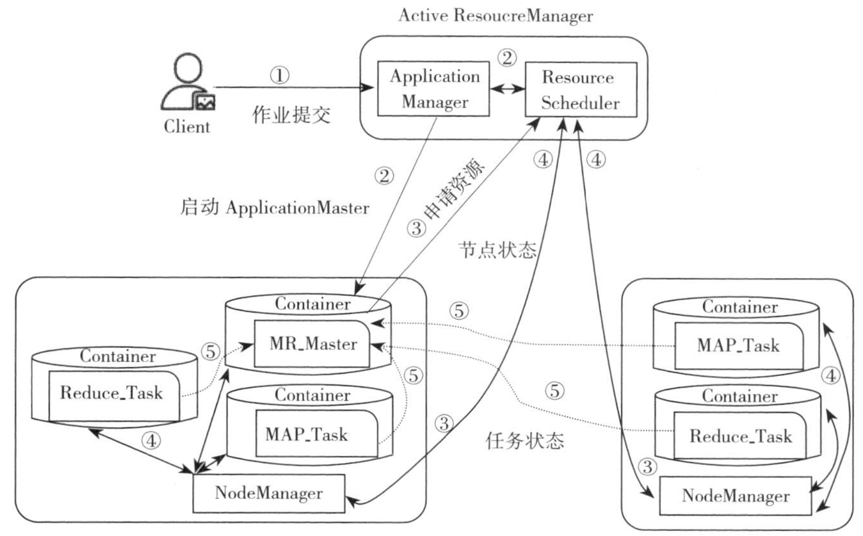

图 2-47 YARN 的工作流程

② ResourceManager 为 ApplicationMaster 分配资源容器 Container，并通知对应的 NodeManager，要求它在指定的 Container 中启动 ApplicationMaster，同时 Application-Master 在 ResourceManager 中注册，以便用户通过 ResourceManager 监视应用程序的运行状态。ResourceManager 管理 ApplicationMaster 整个生命周期。

③ ApplicationMaster 向 ResourceManager 申请资源 Container 以运行应用程序的 Task，申请成功后，ResourceManager 通知对应的 NodeManager 把 Task 放到指定的 Container 中，并请求启动 Task。

④ NodeManager 为 Task 设置好运行环境后，将启动 Container 中的 Task，并监视本节点上各 Container 运行状态和节点资源使用情况，定时报告给 ResourceManager，同时根据 ApplicationMaster 的要求启动或停止 Container。

⑤ApplicationMaster 监视 Task 的运行状态和进度，重新启动失败的 Task。当应用程序的所有 Task 执行完毕后，它会自行关闭并释放所占有的 Container。

实践真知

描述一个作业从提交到运行过程中，ResourceManager、NodeManager 是怎样配合实现资源管理和任务执行管理的？

计划&决策

景泰木材加工厂对未来大数据应用的愿景中，不仅有离线批处理数据，还有在线实时数据处理。在 Hadoop 大数据平台上启用 YARN 资源统一资源管理框架，才能支持多种计算框架，并能提高资源利用率，增强系统的可靠性和扩展性。因此，让管理员熟悉 YARN 的架构与工作流程，并有效实施相应的管理，才能保障平台按需提供高质量的数据服务。于是大力决定按如下计划开展工作。

①部署 YARN 资源管理服务；

②选择 YARN 资源调度方式；

③监管 YARN 的运行。

实 施

一、部署 YARN 服务

1. 安装部署 YARN

从 Hadoop 2.0 开始，YARN 作为 Hadoop 的基础组件随 Hadoop 的安装部署而完成，不需要单独实施，具体参考本项目任务一中的相关描述。

2. YARN 的资源配置

YARN 的资源配置分为 ResourceManager 和 NodeManager 两个方面。默认情况下，YARN 会跟踪所有节点、应用程序和队列的 countable（可数）资源，如 CPU、GPU、内存及软件许可。countable 资源使用后会释放。YARN 支持通过资源配置文件 resource-type.xml 和 node-resources.xml 配置多个扩展资源请求。

（1）在 yarn-site.xml 中启用资源配置文件支持

```
<property>
        <name>yarn.resourcemanager.resource-profiles.enabled</name>
        <value>true</value>
</property>
```

（2）定义 ResourceManager 管理的扩展资源

在 resource-type.xml 中配置如下：

```
<configuration>
    <!-- 配置资源名称 -->
    <property>
        <name>yarn.resource-types</name>
        <value>rsr_map,rsr_reduce</value>
```

```
    </property>
<!-- 配置资源 rsr_map 的单位 -->
    <property>
        <name>yarn.resource-types.rsr_map.units</name>
        <value>G</value>
    </property>
   <!-- 配置资源 rsr_reduce 的最小请求 -->
    <property>
        <name>yarn.resource-types.rsr_reduce.minimum-allocation</name>
        <value>1</value>
    </property>
    <!-- 配置资源 rsr_reduce 的最大请求 -->
    <property>
        <name>yarn.resource-types.rsr_reduce.maximum-allocation</name>
        <value>1024</value>
    </property>
</configuration>
```

（3）定义 NodeManager 管理的扩展资源

```
<configuration>
    <!-- 配置节点资源 rsr1_noder 数量 -->
    <property>
        <name>yarn.nodemanager.resource-type.rsr1_node</name>
        <value>2G</value>
    </property>

    <!-- 配置节点资源 rsr2_noder 数量 -->
    <property>
        <name>yarn.nodemanager.resource-type.rsr2_node</name>
        <value>1G</value>
    </property>
</configuration>
```

resource-types.xml 和 node-resources.xml 需要与 yarn-site.xml 存储到相同的配置目录中。其实可以完全不用 resource-types.xml 和 node-resources.xml，而把这些配置写入 yarn-site.xml 文件中。

二、选择 YARN 资源调度方式

提交到 Hadoop 集群中的作业可分为批处理作业、交互式作业和生产性作业三大类。

批处理作业往往耗时长，但对完成时间要求不高，如机器学习作业；而交互式作业对时间响应要求较高，如数据查询；生产性作业则要求有一定量的资源保证，如统计值计算。管理员应按作业特性选择相应的资源调度策略。

资源调度器 Scheduler 是 YARN 的核心组件，负责整个集群资源的管理与分配。资源调度器是一个可插拔的组件，根据应用程序需要可以选择 FIFO 调度器、Capacity（容量）调度器和 Fair（公平）调度器。

（1）FIFO 调度器

FIFO 调度器一般不考虑作业的优先级和规模，采用简单的先进先出的调度服务。FIOF 调度器不支持多个队列，也不支持多个用户共享集群，导致集群资源利用率过低。因此，FIFO 调度策略不适用于大型共享集群，仅适合低负载集群，作业按先后顺序接受调度，如图 2-48 所示。

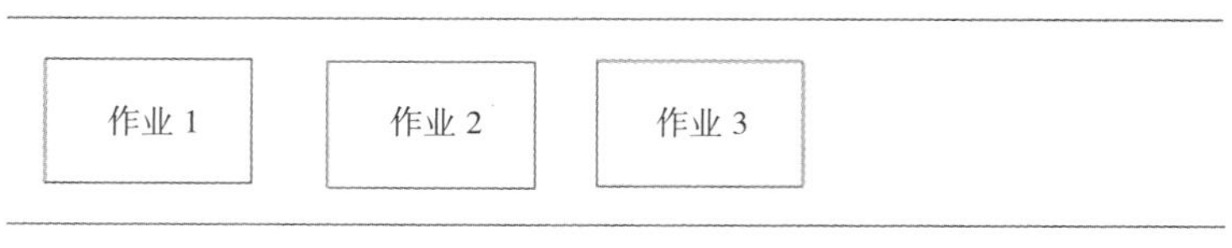

图 2-48 FIFO 调度器

（2）Capacity 调度器

Capacity 调度器也称为容量调度器，它是一种多用户调度器，支持多用户、多队列。根据集群的资源总量（CPU、内存、存储、带宽等）配置一个或多个队列，并以队列为单位调配资源，每个队列可设定一定比例的最低资源保障和资源使用上限，同时，还为每个用户设置资源使用上限以防止同一用户的作业独占队列中的资源。而当一个队列的资源有剩余时，可暂时将剩余资源共享给其他队列。

当用户向队列中提交作业时，Capacity 调度器将考虑每个队列正在运行作业的任务数和其应得资源数的比值，选择比值较小的队列接纳用户作业，并将按作业提交时间、优先级、用户资源限制等因素进行综合排队，每个队列采用 FIFO 策略实施作业调度，如图 2-49 所示。

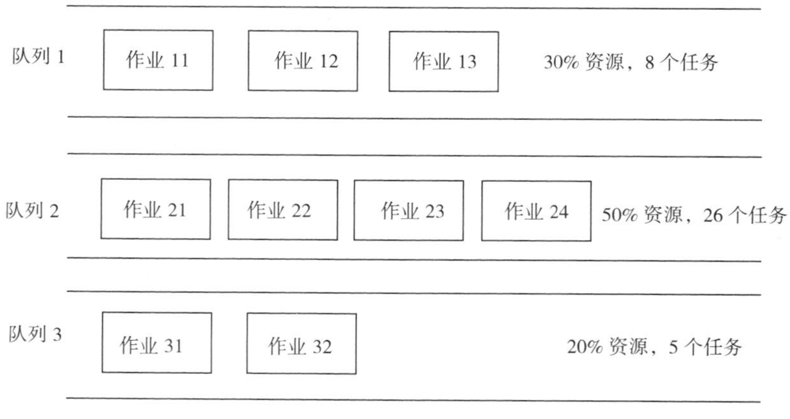

图 2-49 Capacity 调度器

Capacity 调度器管理的多个队列同时按 FIFO 调度策略执行作业，实现了并行运行，提高了集群资源使用率。Capacity 调度器能提供队列最低资源保障，且具有较好的资源配置灵活性，即在某队列有剩余资源时，可调剂给当前急需资源的饥饿队列，而当前者有新作业加入时，后者又能把借用的资源及时归还，此举明显能提高资源利用率。管理员有为队列定义访问控制列表（ACL）的权利，限制用户程序可提交的队列、可查看应用程序的运行状态及控制应用程序的权限。根据需求管理员可以动态更新资源配置并在线应用，不影响正在运行的作业。

（3）Fair 调度器

Fair 调度器也称为公平调度器，与容量调度器相似，支持多队列，多队列作业并发执行。区别在于容量调度器为队列保证最小资源配额，而 Fair 调度器是为每个作业保证一定的最小资源值，并视所辖资源情况为其分配最小资源值及以上的资源。Fair 调度器将把可分配资源分派给应获资源和实际获得资源缺口较大的作业，目的是实现所有作业随时间的推移获得公平的资源，如图 2-50 所示。

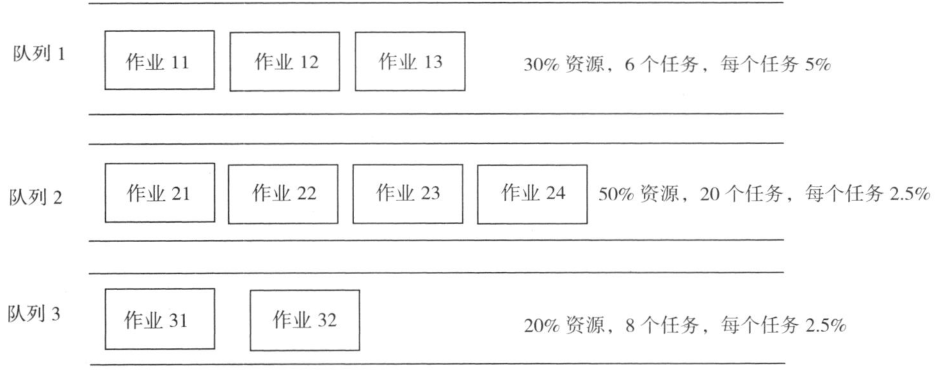

图 2-50　Fair 调度器

Fair 调度器保证了每个作业大致上分得平等数量的资源，它会让小任务在合理的时间内完成，同时不会让需要长时间运行的耗费大量资源的任务长时间等待。

三、监控 YARN 运行

1. 监视 YARN 运行状态

YARN 服务启动后，将在 8088 端口提供 Web 服务，管理员可使用浏览器监视 YARN 的运行状态。在浏览器地址栏输入 http://bds001:8088 打开 YARN 管理界面，如图 2-51 所示。

从图 2-51 中可以获取当前集群、节点和调度器状态的详细信息，Hadoop 3.0 中默认的调度器是 Capacity 调度器。单击左侧栏中的链接还可以查看应用程序的运行状态。单击链接 Tools 可以查看 YARN 的资源配置、运行日志、服务器的相关数据，如图 2-52 所示。

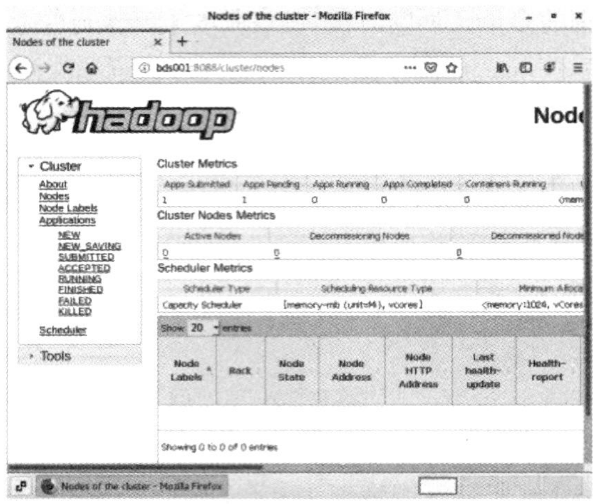

图 2-51　监视 YARN 运行状态

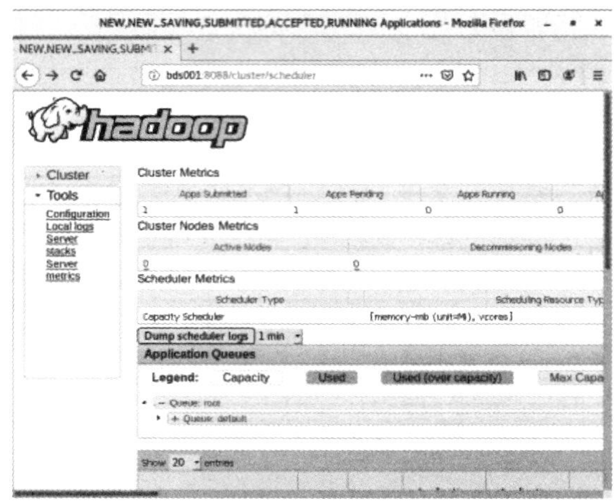

图 2-52　查看 YARN 的资源配置

2. 管控 YARN

YARN 为管理员和用户提供了一组命令用于管理 YARN 和应用程序的运行，命令的使用详情参考官网中的相关介绍。表 2-3 列出一些常用命令。

表 2-3　常用命令

类别	命令	功能
用户	yarn app -help	显示命令帮助
	yarn app -list	列出应用程序
	yarn app -status <appid>	查看 appid 指定的应用程序状态
	yarn app -start <appid>	启动预先保存的应用程序
	yarn app -stop <appid>	停止指定的应用程序，可重启
	yarn app -destroy <appname>	销毁已保存的应用程序

续表

类别	命令	功能
用户	yarn app –kill <appid>	终结指定的应用程序
	yarn container –status	查看容器状态
	yarn node –list –all	列出所有节点信息
	yarn queue –status <QName>	查看名为 QName 的队列状态
	yarn envvars	显示 Hadoop 计算环境变量
管理员	yarn nodemanager	启动节点管理器
	yarn resourcemanager	启动资源管理器
	yarn rmadmin -getAllServiceState	获取所有服务状态信息
	yarn rmadmin -refreshQueues	在线重新加载资源配置文件
	yarn rmadmin -refreshNodes	刷新节点主机信息
	yarn rmadmin -refreshNodesResources	刷新节点资源
	yarn rmadmin -getGroups [user]	获取用户所属组

岗证须知

要获得大数据平台管理与开发技能证书，要求从业人员能理解 YARN 资源管理器工作流程，能实现 YARN 的资源配置，能启动、停止 YARN 组件和查看 YARN 组件的运行状态，能独立使用 YARN 的管理命令实施 YARN 和应用程序的运行管理。

检 查

一、填空题

1. YARN 的基本功能是__________和________。
2. YARN 采用了__________架构，由______和_______组成。
3. YARN 的资源管理器由______和______组成，资源以_____为单位分配给应用程序。
4. Hadoop 应用程序必须包括__________程序对象，它负责_____运行管理。
5. Container 是封装了______、______、______、______等资源的程序运行环境。
6. YARN 管理的应用程序分为_______和_______两类。
7. YARN 默认采用_________资源调度策略。
8. YARN 使用的资源配置文件有_______、________。

9. YARN 默认的 Web 管理端口号是____________。
10. 修改资源配置文件后立即生效的命令是____________________。

二、判断题

1. YARN 可以为多种计算框架提供资源管理与调度。 (　　)
2. ResourceManager 的 ApplicationsManager 管理所有任务的执行。 (　　)
3. 资源调度器分配资源的基本单位是 GB。 (　　)
4. 一个作业将分解成若干任务并在多个节点并行执行。 (　　)
5. 在 Hadoop 中任务可并行，作业不能并行。 (　　)
6. FIFO 调度逻辑简单，系统资源利用率很高。 (　　)

三、简答题

1. 简略画出 YARN 的组成架构。
2. 描述 YARN 的工作流程。
3. 简述 YARN 的调度器特性。

评 价

根据学习情况自查，在对应的知识点认知分级栏中打“√”。

序号	评价内容	识记	理解	应用	分析	评价	创造	问题
1	YARN 的基本功能与架构							
2	YARN 的工作流程							
3	YARN 的安装部署							
4	YARN 的资源配置							
5	YARN 的资源调度							
6	YARN 的运行监管							
教师诊断评语：								

大数据存储与管理

Web应用不断与生产、生活的各个领域深度融合，人们越来越认识到来自互联网的数据对激发创新、改进服务、提质增效方面的重大价值。从互联网获取的数据不像生产领域产生的数据那样“整齐”，使用传统的RDBMS数据库（如Oracle、MySQL、DB2等）来存储、管理这种数据遇到了严峻的挑战，动则TB及PB级的数据量突破了RDBMS的存储能力，RDBMS严谨的表结构对不“整齐”的数据很无赖。因此，大数据的存储管理必须另辟蹊径，针对不同的大数据应用，催生了丰富的大数据存储产品，企业可根据业务的需求重心不同灵活选用。亿思科技公司的技术团队在研究了景泰木材加工厂大数据应用的需求后，建议采用HBase来存储管理企业的大数据资源，并委派资深大数据应用开发工程师大伟为企业提供相关技术支持。在本项目中，他将提供以下技术服务：

- ◆ 在Hadoop平台上部署HBase
- ◆ 使用Hive实现数据处理
- ◆ 使用Sqoop迁移数据

任务一　使用 HBase 存储数据

资　讯

--- 任务描述：

直接使用 HDFS 来存储处理大数据比较低效，不能满足多种数据处理的要求。景泰木材加工厂欲在已有的 Hadoop 平台上部署 HBase 用以存储大量的业务资讯数据。但企业缺少有关 HBase 数据库的技术准备，不能独立实施 HBase 的部署与应用工作。亿思科技公司的大数据开发工程师大伟将带领企业的 IT 技术员完成 HBase 的部署，并对技术员做初步应用 HBase 的培训。主要培训内容有：

①认识 HBase 数据库；

②安装 HBase；

③HBase 的基本操作。

--- 知识准备：

一、NoSQL 数据库

在大数据爆发之前，各行各业广为使用的是关系型数据库（如 MySQL、DM、KingbaseES 等），关系型数据库使用标准的 SQL 语言来实现数据库的建立、维护和管理，于是，人们称关系型数据库为 SQL 数据库。SQL 数据库以关系代数为基础，有严密的数据模型即关系数据模型，SQL 数据库中的数据记录的结构都预先明确定义，所有数据记录都有相同的结构，数据表中存储的数据很整齐、密集，表 3-1 所示为关系型数据库中的员工信息表。

表 3-1　员工信息表

员工号	姓名	性别	出生日期	电话	…
01001	陈一飞	男	2001-09-21	12423897651	…
03109	张芳	女	1999-12-03	12098736914	…
02117	周宇舒	女	2005-06-09	12982054171	…
04023	王江	男	2002-11-07	12623985121	…
…	…	…	…	…	…

从表 3-1 中可以看到，每行记录都有相同的结构，表中的数据密集。这是 SQL 数据库的典型特征，数据来自企业的实际业务活动，具有很高的数据价值。同时，SQL 数据库产品提供了成熟丰富的数据管理工具，加之几十年的技术和经验积累，SQL 数据库还是会继续成为传统生产、商业等领域中许多业务问题合适的解决方案，是管理

信息系统必不可少的组成部分。

随着 Web 应用（如电商、社交、网站、自媒体等）的推进，在互联网上每时每刻无不生产出巨量而类型各异的数据。人们试图使用传统的 SQL 数据库来存储、处理这类数据，但使用 SQL 数据库必须面对的数据表连接、查询优化、事务管理、执行存储过程、设置触发器、保障安全性、维护索引等一系列复杂的问题，很快就发现 SQL 数据库完全不能应付灵活多变、类型多样、不“整齐”的海量数据。

大数据的存储与处理天生要求分布式存储和并行处理，于是人们另辟蹊径开发出了与 SQL 数据库理论完全不同的新生代数据管理系统，这就是 NoSQL 数据库。NoSQL 数据库并不排斥和否定 SQL 数据库，甚至还努力把 SQL 语言在数据操纵和管理的优势推广到 NoSQL 数据库管理中，让具备 SQL 数据库管理经验的人可以快速掌握 NoSQL 数据库的运用，因此，NoSQL 还被解释成 Not only SQL，即不只是 SQL。NoSQL 系统并不是作为孤立系统出现的，而是 SQL 数据库的补充，用以解决大数据背景下 SQL 数据库不能或难于解决的问题，如图 3-1 所示。

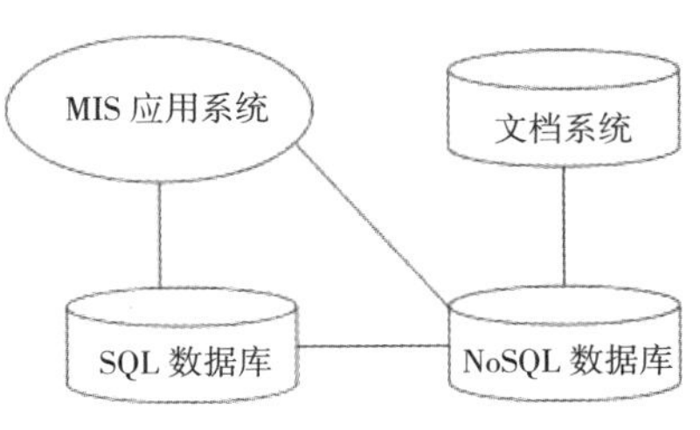

图 3-1　现代信息处理系统架构

根据业务功能目标的不同，NoSQL 数据库采用了与之相应的数据架构模式，这里的数据架构模式是指数据的存储模型，有键值存储模式、列簇存储模式、文档存储模式和图存储模式 4 种类型。

1. 键值存储

键—值对是键值存储型 NoSQL 数据库的基本逻辑存储单元，它由一个简单字符串（键）和与之绑定的数据（值）组成。例如，体重：67.3，体重是键，67.3 是值。键值存储型数据库是一个简单的数据库，它就像是一本字典，单词条目是键，依附于单词条目的解释、定义是值。

键值存储不用为值指定一个特定的数据类型，可以在值里存储任意类型的数据，如文字、图片、声音、视频、文档等。不论什么类型的数据，都以 BLOB（二进制大对象、二进制字节数组，一种数据存储格式）进行存储，在读取时也同样返回 BLOB，由应用程序来解释数据是什么类型。

键值存储简单强大，它是单纯的存储引擎，键和值都是字节数组，其不关心键和值的含义，只负责存储传入的字节数组对，并以同样的方式返回给客户端。键值存储既可以建立在内存中作为缓存系统，提供快速灵活、实时高频访问，也支持数据的完全持久存储。由于键值存储没有一个正式的结构，所以不能建索引和进行搜索。

2. 列簇存储

SQL 数据库（如 MySQL、Oracle 等）几乎都以行的方式来存储数据。如表 3-1 所示，行由若干列预先定义的数据字段组成，每个字段有一个字段名和一个数据类型。数据表中的行记录是实施数据存取操作的基本单位。在强化 OLAP（联机分析处理）的领域，为提高对列进行聚合运算（求和、平均等）的性能，一些 SQL 数据库（如 SybaseIQ、MonetDB 等）采用以列为一次读写的基本存储单位，这种数据架构模式为列存储。

列簇存储则是很重要的 NoSQL 数据架构模式，列簇存储通过把若干相关的列组合到一个列簇中，并以列簇为数据读写的基本单位进行集中存储。列簇存储的逻辑结构被设计成一张庞大的数据表，可以容纳数十亿行和数百万列。它不同于行存储和列存储，行存储通过主键来定位数据行，列存储通过列名来定位列，而列簇存储将使用行和列的标识符来定位单元格的数据，见表 3-2。

表 3-2　客户信息表

ID	pri_msg			pub_msg			
	sex	bdate	bwgt	ename	phno	himg	
01001	男			陈一飞	15423897651 17789643212	cyf.jpg	…
02117	女	1999-12-03	53.1 50.6	张芳		zf.jpg	…
03109				周宇舒	1798205417		…
04023	男	2002-11-07	71.2	王江	1662398512		…
…	…	…	…	…	…	…	…

表中有两个列簇：pri_msg 和 pub_msg，每个列簇由若干列组成，ID 这一列可以是任何取值唯一的数据并用于定位某一行，要访问某个数据，如 01001 标识的行用户的联系电话，还需要指定相应的列簇和列，由于这行数据的单元格中存储有两个数据，怎么定位实际要访问的数据呢？列簇存储在存放数据时会自动生成一个时间标签（专业术语称为时间戳）附在数据上，因此，要唯一定位一个数据需要同时指定行 ID 号、列簇、列名、时间戳这 4 个标识符。列簇存储也可视为以行 ID 号、列簇、列名、时间戳为键的键值存储系统，如图 3-2 所示。

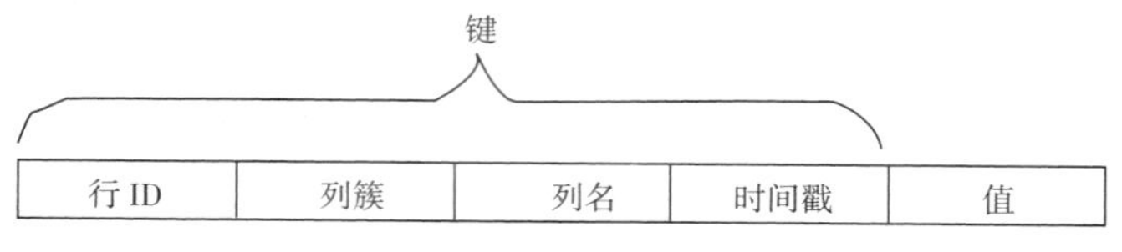

图 3-2　列簇存储的键 — 值结构

列簇存储的数据表像电子表格一样，可以在任何时候向任何单元格插入数据，与键值存储相似，单元格可以存储任何种类的数据。与 SQL 数据库不同的是不必为每一行插入所有列的数据，列簇存储的数据表被设计用于存储稀疏数据，没有写入数据的单元格并不实际占用存储空间，而 SQL 数据库的数据表中没有值的列仍然要占用定义时指定的存储空间，因此，SQL 数据库不适合存储稀疏数据。对于 SQL 数据库可以用一个简单的 SQL 查询找到任意表中的所有列；当查询列簇存储系统时，则必须查询数据库的每个元素来得到包含所有列名的完整列表。

列簇存储系统把所有数据存储在一个大表中，没有了 SQL 数据库中的表连接操作，数据可以按列簇为单位分布存储到不同的计算节点上，不论是查询数据，还是计算数据都可以在不同的节点上并行执行。当需要向表中存储更多数据，而当前节点存储空间不够时，可以简单地在系统中增加一个节点来满足存储与计算的需求，因此，列簇存储可以进行水平扩展来管理海量的数据。列簇存储具有把数据在不同节点之间复制存储的能力，当集群中部分节点失效，也能保证数据的正常存取，具有良好的高可用性。

3. 文档存储

文档存储型数据库不再有 SQL 数据库中行的概念，取而代之的是文档。文档是键—值对的有序集，它是文档存储的基本单元。文档的键和值没有固定的类型和大小，没有了 SQL 数据库那样预定义的数据模式，添加或删除字段都很容易。文档示例如图 3-3 所示。

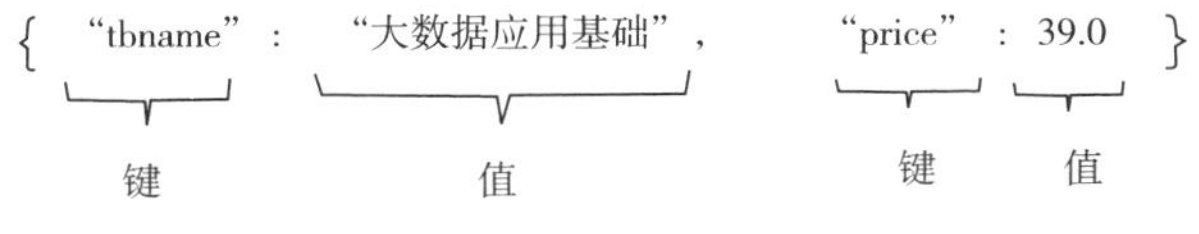

图 3-3 文档存储结构

文档中键—值对中的值也可以是文档（子文档），这样文档的存储结构就是一个有一个根的树型结构，通过文档树易检索数据。

一组文档组成集合，集合可类比成 SQL 数据库中的表。理论上可以将任何文档放入集合中，但在实际项目中应把同种类型的文档放到一个集合中，这将有利于建立索引和数据查询。

文档存储的架构有利于数据在不同的节点之间进行分割，当前集群存储或算力超限时，可以添加新的节点来实现简单的横向扩展，以满足不断发展的新需求。

4. 图存储

前 3 种 NoSQL 数据库虽然面向不同的业务领域，但就其存储模型来看，都可以归为键值存储。而图存储与它们有很大的不同，它应用于那些需要分析对象之间具有复杂关系的业务问题，如社交人际网络、交通网络，以及需要快速分析复杂网络结果并从中找出模式的业务系统。

图存储是包含一系列对象节点及其关系的数据集，它描绘了一组对象的关系图。图存储的基本存储单元由 3 个字段组成：节点、关系和它们的属性，因此，图存储也被称为三元存储，如图 3-4 所示。

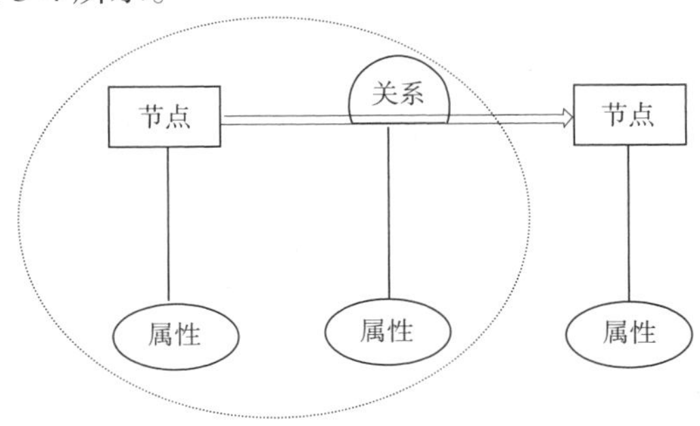

图 3-4 图存储结构

图中虚线框所示为节点、关系及其属性组成的一个三元组，其中节点对应现实世界中的对象，如人、交通路口、微信号、网页等；关系则是对象之间的联系，如人之间有朋友、同事、雇用等联系，属性是节点或关系具有的特征，如交通路口的经纬坐标、网页的标题、雇用关系中的用工协议等。图存储是以简单的节点—关系—节点的数据结构建立的，这些节点和关系描述了一张节点关系网图，如图 3-5 所示，图中省略了节点和关系的属性。

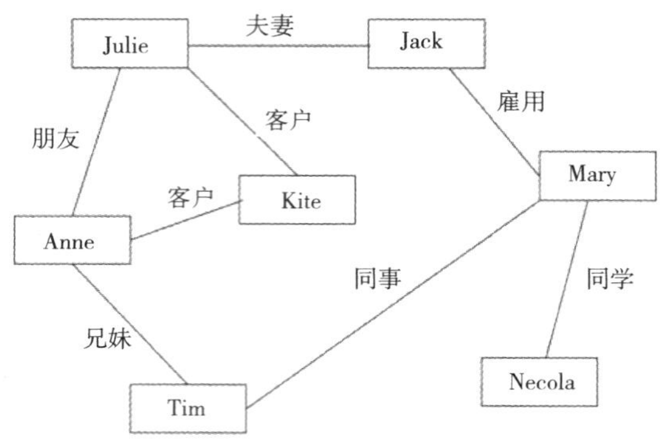

图 3-5 节点关系网图示例

图存储能高效支持分析对象之间的复杂关系，而如果采用 SQL 数据库来实现将不可避免产生多表的连接操作开销，这不但低效而且不能适应数据规模的增长。图存储数据库也有连接操作，不过是节点间的轻量级连接，图数据可以加载到内存中，获取数据时就不再需要低效耗时的磁盘 IO 操作，从而获得很高的性能。

图存储不像其他 NoSQL 数据架构模式，由于图中每个节点都有密切的连通性，所以图存储很难扩展到多台服务器上。但数据可以被复制到多台服务器来增强读取和查询的性能，但同一查询还是在一台服务器上进行。

表 3-3 所示为 4 种数据架构模式的 NoSQL 数据库产品。

表 3-3 NoSQL 数据库产品

类别	产品	技术语言	应用场景
键值存储	Redis	C/C++	适用于数据变化快且数据库大小适合内存容量的应用程序，如股票行情、实时数据搜集与分析、实时通信等
	Membase	C/Erlang	需要低延迟数据访问、高并发支持以及高可用性的应用程序，如网络游戏
列簇存储	BigTable	Java	支撑多种在线业务，如互联网广告、金融科技和物联网应用等，支持大型分析和业务操作的工作负载
	HBase	Java	需要对大数据进行随机、实时访问的场合，如电商订单系统，天气、客流、车流等随时间变化的数据的分析预测
	Cassandra	Java	银行业、金融业的实时数据分析

续表

类别	产品	技术语言	应用场景
文档存储	MongoDB	C++	适用于需要动态查询支持、使用索引、强调对大数据库有性能要求，如游戏（用户、装备、积分）、物流（订单状态）、社交（用户、发表、位置）、直播等
	CouchDB	C/Erlang	适合 CMS（内容管理系统）、电话本、地址本管理等应用
图存储	Neo4j	Java	适用于那些对象之间具有复杂关系的业务问题，如社会关系、交通网络、地图、规则引擎和那些需要快速分析复杂网络结果并从中找出模式的图系统
	JanusGraph	Java	适用于社交、零售、金融、汽车制造、电信、酒店等行业的各种关系管理

实 践 真 知

指出下面 4 种 NoSQL 数据库的典型应用场景。

键值存储 ____________________

列簇存储 ____________________

文档存储 ____________________

图存储 ____________________

二、HBase 的数据模型

HBase 数据库是一种列簇存储型 NoSQL 数据库，是 BigTable 的开源实现。要使用 HBase 来存储与处理海量的大规模数据，首先要明确它的逻辑数据模型和物理数据模型。

1. 逻辑数据模型

HBase 如同 SQL 数据库，在逻辑上数据也是以表的形式来组织的，HBase 的数据表也由行、列构成，与 SQL 数据库不同的是表中的数据不是按行存储，而是按列簇存储的，HBase 其实是一个 MAP（映射），由键—值（Key-Value，简记为 KV）组成。HBase 的逻辑数据模型如图 3-6 所示。

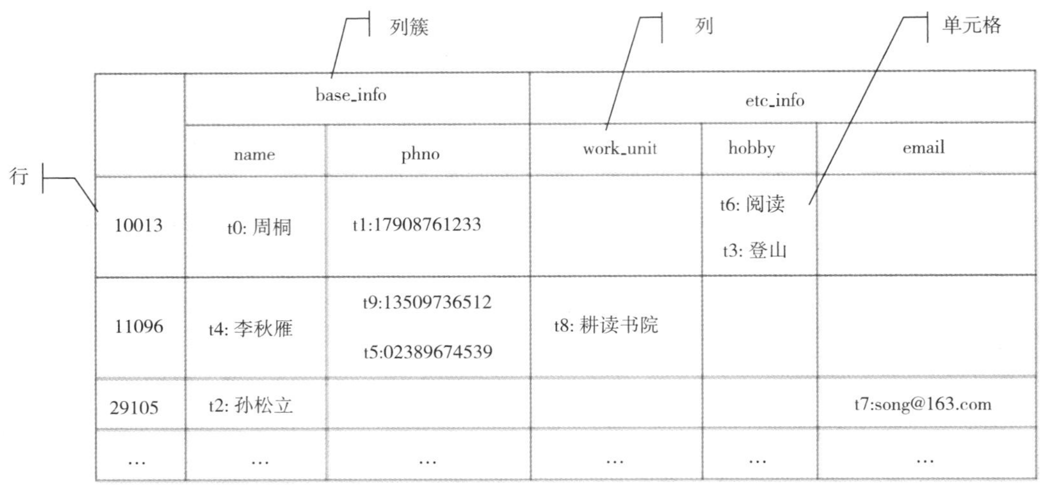

列簇
列
单元格
行
base_info
etc_info
name
phno
work_unit
hobby
email
10013
t0: 周桐
t1:17908761233
t6: 阅读
t3: 登山
11096
t4: 李秋雁
t9:13509736512
t5:02389674539
t8: 耕读书院
29105
t2: 孙松立
t7:song@163.com
…

注： base_info ：基本信息　name：姓名　phno：联系电话
etc_info ：其他信息　work_unit：工作单位　hobby：爱好　email：电子邮箱

图 3-6　HBase 的逻辑数据模型

在 HBase 数据库中，数据就是存储在如图 3-6 所示的数据表中，数据表由行和列组成，与 SQL 数据表的列要求必须是原子的特性不同，HBase 的第一级列（列簇）可以分为数量不限的次级列（列限定符）组成，行与列相交共同限定存储值的单元格。

2. HBase 数据表结构

（1）行

数据表的行（Row）由行键（Rowkey）和若干列组成。行键类似 SQL 数据表中的主键，在表中是唯一。但 HBase 数据表的行键没有数据类型，被一致视着字节数组，在表中按字典顺序排序。行键可以使用任何具有唯一性的数据，如身份证号码、指纹、声纹等有意义的数据，也可以是用户自定义的无实际意义的数据，如若干位字母、数字的排列，或由计算机生成的随机数等。虽然行键只有唯一性要求，但其设计却很重要，基本原则是把相关的数据排列在一起集中存储，有利于提高读写性能。

（2）列簇

列簇（Column Family）是对列的分组，由一个或若干个列组成。如图 3-6 所示，联系人信息分为基本信息 base_info 和其他信息 etc_info 两个列簇，列簇名是一个字符串。一个列簇可包含的列数没有理论上的限制，若有需要可达数百万个列。创建表时要预定义列簇，但不定义具体的列，列可以动态添加，列簇一般多于 3 个。表中的每行有相同的列簇，而列可以不同。

（3）列限定符

列限定符（Column Qualifier）其实就是列簇包含列的列名，用来限定列簇中的数据，一般格式为“列簇：列名”。如图 3-6 所示，要访问联系人的姓名则限定符为 base_info:name。列限定符与行键相似，没有数据类型，被当成字节数组对待。

（4）单元格

单元格（Cell）是数据表中行和列共同定位的数据值。单元格的数据包含值和时间戳，值没有数据类型，以字节数组形式存在，实际数据类型由上层应用程序解释；时间戳是数据值写入时系统附加的一个时间标签，一般是当时节点计算机的系统时间，为一个长整型数，用作数据值的版本。单元格保存同一数据的多个版本，并按时间戳降序排列，最新的数据在前，有利于快速查询最新数据。HBase默认访问单元格的最新数据。可见，单元格是由行键、列簇、列限定符、时间戳和值组成的五元组结构，可记作（行键，列簇，列限定符，时间戳，值）。如图3-6所示，表中一个单元格的五元组为（"11096","base_info","phno","t5","02389674539"）。

HBase是一个Map结构的数据库，Map由键和值组成，从单元格的结构可以看出组成HBase的键由行键、列簇、列限定符、时间戳组成，是一个复合键，值就是单元格的数据值。（"11096","base_info","phno","t5","02389674539"）存储的KV结构为{"11096","base_info","phno","t5"}->"02389674539"。

从HBase的数据表结构可以看出，它的行不像SQL数据表那样"整齐"，具有相同的列，没值的列必须填充空值null，并在存储时占用定义时的字节数，HBase行可由不定数目的列组成，空值的列不用填充，也不占用存储空间，所以HBase的表上有大量的"孔洞"，数据不像SQL数据表那样"密集"，具有稀疏特性；HBase的数据是以列簇为单位，分布存储到集群中不同节点的存储系统上，因此，具有分布性和持久性；由于HBase的键是复合数据结构，即由多维元素构成，这是与普通Map采用单值键不同的；HBase在存储键—值对时总是按行键的字典顺序排序的，这对HBase的读取性能很重要。所以，HBase是一个稀疏、分布、持久、多维、排序的Map。

3. HBase的物理存储模式

HBase中的数据是按列簇存储的，图3-6中列簇base_info的数据存储在一起，见表3-4。

表3-4　列簇base_info

行键	列簇	列限定符	时间戳	值
10013	base_info	name	t0	周桐
10013	base_info	phno	t1	17908761233
11096	base_info	name	t4	李秋雁
11096	base_info	phno	t9	13509736512
11096	base_info	phno	t5	02389674539
29105	base_info	name	t2	孙松立

列簇etc_info的存储模式见表3-5。

表 3-5 列簇 etc_info

行键	列簇	列限定符	时间戳	值
10013	etc_info	hobby	t6	阅读
10013	etc_info	hobby	t3	登山
11096	etc_info	work_unit	t8	耕读书院
29105	etc_info	email	t7	song@163.com

从 HBase 采用的列簇存储模式可以发现，HBase 的每个行都是离散的，分别存储到不同的列簇中，不同的列簇可以分散存储到集群的不同节点上。当一个应用只使用联系人基本信息时，它到存储 base_info 列簇的节点上查询，而另一个程序使用联系人的其他信息时，则到存储 etc_info 列簇的节点上查询，因此，两个程序可以并行工作，即便一个程序要使用两个列簇的数据，那么两节点可同时为它提供数据服务，这种存储方式能有效提高程序的性能。

HBase 使用 namespace（命名空间）来对表进行逻辑分组，命名空间的作用类似于 SQL 数据库中的 database，使用命名空间可对不同的用户实现数据隔离。HBase 安装后默认生成 hbase 和 default 两个命名空间，hbase 中存放的是 HBase 内置的表，default 是用户默认使用的命名空间。

实践真知

设计一个 HBase 数据表用于管理身体健康数据。用表格表示该数据表的数据模式，并填入若干示例数据。

三、HBase 数据库的体系架构

HBase 数据库集群服务采用主 / 从架构，由一个主节点 HMaster 和多个从节点 HRegionServer 组成，所有节点通过 ZooKeeper 来进行协调，保证 HBase 的高可用性。HBase 体系架构如图 3-7 所示。

HBase 的客户通过 RPC（远程过程调用）与 HMaster 和 HRegionServer 节点通信，实现数据的操作和处理，HBase 的底层数据存储在 HDFS 中。HBase 体系架构中各组件的功能如下。

1. HMaster

HMaster 是 HBase 体系架构中的主节点，为防止单点故障，一般会同时启动两个 HMaster，并由 ZooKeeper 选举出活动 HMaster，另一个作为备用 HMaster，备用 HMaster 保持与活动 HMaster 的数据同步，但不响应用户请求。HMaster 的功能主要包括以下几个方面。

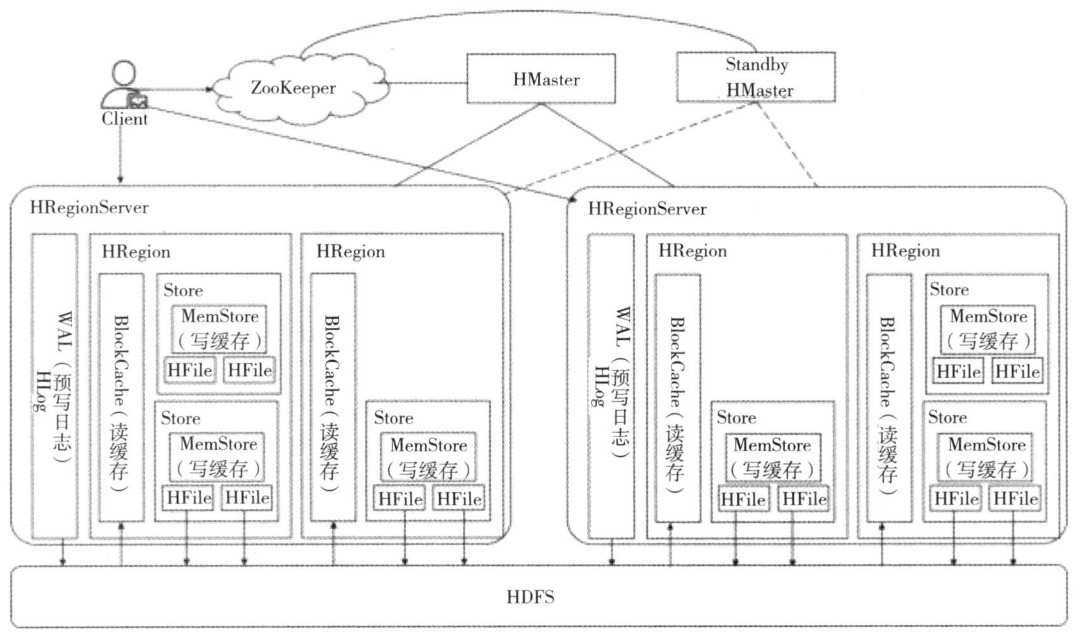

图 3-7　HBase 数据库的体系架构

•管理 HRegionServer（区域服务器）节点，指定 HRegionServer 可管理的 HRegion（区域），以实现负载均衡；

•监控 HRegionServer 工作状态，当发现 HRegionServer 失效，将其中的 HRegion 迁移到别的 HRegionServer 节点；

•管理并维护 HBase 的命令空间和表的元数据；

•响应客户请求，为客户提供创建、删除、更新数据表的操作接口；

•管理客户对 HBase 的访问权限。

HMaster 节点不存储 HBase 的数据，它负责协调建表、删表、移动 Region、合并等需要跨 HRegionServer 的工作。

2. HRegionServer

HRegionServer 节点具体执行数据的读写操作。一个 HRegionServer 大约可以管理 1 000 个 HRegion，但一个 HRegion 只能属于一个 HRegionServer。当 HRegionServer 节点出现故障时，可由 HMaster 把其上的 HRegion 向正常的 HRegionServer 节点转移。HBase 客户端从 ZooKeeper 获取了 RegionServer 的地址后，就直接与 HRegionServer 通信，执行数据查询、插入、更新、删除等所有操作，而不需要经过 HMaster，这大大降低了对 HMaster 的依赖，即使 HMaster 失效了，除了不能新建数据表外，其他操作都能正常进行。

3. HRegion

HBase 使用行键自动把数据表水平切割成若干 HRegion，每个 HRegion 由表中的多行数据组成，HRegion 的默认大小是 1 GB。当 HBase 表中数据较少时，一个表只需一个 HRegion，随着数据增加到一定程度后，HBase 将以行为边界把表分割成两个大小差不多的 HRegion，然后由 HMaster 将 HRegion 分配给不同的 HRegionServer，并由 HRegionServer 响应客户的读写请求，在 HRegion 中执行读写操作。

4. Store

一个 HRegion 可包含一个或多个 Store，一个 Store 可存储表的一个列簇的数据。Store 中包含一个 MemStore 和若干个 HFile 数据文件。HFile 数据文件是 HBase 底层数据存储格式，一个 HRegion 可包含 8 个 HFile 数据文件，每个 HFile 大小为 128 MB。MemStore 是用于数据写的内存缓冲区，数据写入存储系统之前先写入 MemStore，并按行键排序，当 MemStore 中的数据达到设定的值后，系统生成一个 HFile 文件，然后把 MemStore 中的数据转储到 HFile 文件存入 HDFS 的 DataNode 节点中。

5. WAL

WAL（Write Ahead Logging，预写日志）是 HBase 用来生成日志的算法，对应的日志文件是 HLog。在写入数据时先执行 WAL，即把增、删、改等数据更新操作写入 HLog，然后才写入 MemStore 缓冲区，只有当 HLog 和 MemStore 都成功写入后才能确认数据正确写入。由于 MemStore 中的数据没有达到设定的值时，数据不会写入 HDFS，如果在写入 HDFS 之前服务器失效，那么 MemStore 中的数据将丢失，待服务器正常后可以使用 HLog 来恢复数据，可保证数据的一致性和实现回滚操作。

6. BlockCache

BlockCache 是数据读缓冲区，把经常需要读取的数据存入 BlockCache，应用程序直接从 BlockCache 中取得数据，减少了低效的磁盘 IO 操作，有利于提高读取数据的效率。

7. ZooKeeper

ZooKeeper 在 HBase 集群中主要维护各节点的状态并协调它们的工作。具体包括监控 HMaster、HRegionServer 节点的状态，通过 Watcher 机制提供节点故障通知和 HRegion 应分配到的 HRegionServer 节点信息、活动 HMaster 节点选举等工作。

HBase 的更多内容请参考官方在线文档。

计划&决策

HBase 是众多 NoSQL 数据库中的一种，是对 BigTable 的开源实现，它利用 Hadoop 分布式文件系统 HDFS 提供分布式数据存储。HBase 虽然也使用表来组织数据，但与传统的关系数据库（SQL 数据库）的表有很大的不同，使用上也存在很大的不同，为保证 HBase 的顺利部署和后续应用、管理的正常开展，大数据开发工程师大伟制订了如下工作计划。

①培训技术员了解 HBase 的理论知识；

②安装 HBase 数据库；

③培训技术员掌握 HBaser 的基础操作。

实　施

一、安装部署 HBase 数据库

在 HBase 官方网站上下载 HBase 的二进制安装包，如 hbase-2.4.6-bin.tar.gz，然后复制到目录 /usr/local/src 中。HBase 的部署分为单机模式、伪分布模式和全分布模式 3 种，前两种用于测试和应用开发，在生产环境必须使用全分布模式。在部署 HBase 之前，需要完成 Hadoop 和 ZooKeeper 的部署工作。

1. 部署单机模式

HBase 支持 Standalone mode 运行模式（单机模式），单机模式在本地文件系统中存储 HBase 数据，以方便开发人员使用。

（1）安装 HBase

[root@bds001 ~]# tar －zxf /usr/local/src/hbase-2.4.6-bin.tar.gz -C /usr/local

安装过程及安装目录的内容如图 3-8 所示。

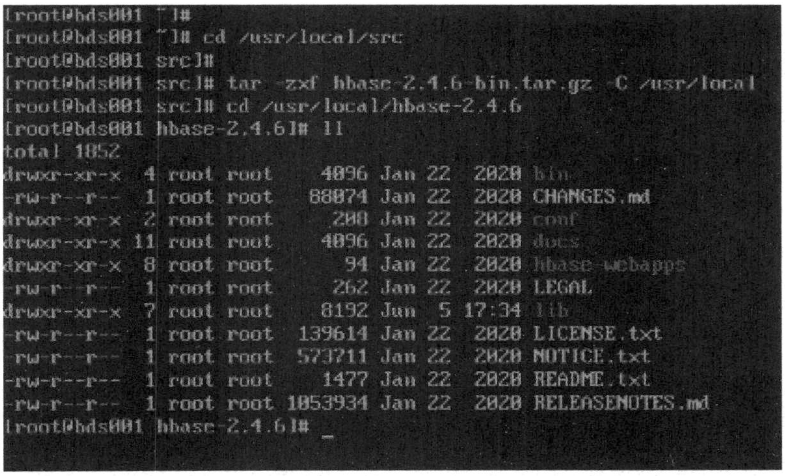

```
[root@bds001 ~]#
[root@bds001 ~]# cd /usr/local/src
[root@bds001 src]#
[root@bds001 src]# tar -zxf hbase-2.4.6-bin.tar.gz -C /usr/local
[root@bds001 src]# cd /usr/local/hbase-2.4.6
[root@bds001 hbase-2.4.6]# ll
total 1852
drwxr-xr-x  4 root root    4096 Jan 22  2020 bin
-rw-r--r--  1 root root   88074 Jan 22  2020 CHANGES.md
drwxr-xr-x  2 root root     208 Jan 22  2020 conf
drwxr-xr-x 11 root root    4096 Jan 22  2020 docs
drwxr-xr-x  8 root root      94 Jan 22  2020 hbase-webapps
-rw-r--r--  1 root root     262 Jan 22  2020 LEGAL
drwxr-xr-x  7 root root    8192 Jun  5 17:34 lib
-rw-r--r--  1 root root  139614 Jan 22  2020 LICENSE.txt
-rw-r--r--  1 root root  573711 Jan 22  2020 NOTICE.txt
-rw-r--r--  1 root root    1477 Jan 22  2020 README.txt
-rw-r--r--  1 root root 1053934 Jan 22  2020 RELEASENOTES.md
[root@bds001 hbase-2.4.6]# _
```

图 3-8　安装 HBase

（2）配置 HBase 运行的环境变量

①编辑 .bash_profile 文件，添加环境变量。

[root@bds001 ~]# vi .bash_profile

export HBASE_HOME=/usr/local/hbase-2.4.6

export PATH=$PATH:$HBASE_HOME/bin

②执行 .bash_profile 使配置生效。

[root@bds001 ~]#source .bash_profile

③编辑 HBase 安装目录下 conf 目录中的 hbase-env.sh。

[root@bds001 ~]#vi　$HBASE_HOME/conf/hbase-env.sh

export JAVA_HOME=/usr/local/jdk1.8.0_181

④配置 hbase-site.xml 文件。

```
[root@bds001 ~]#vi  $HBASE_HOME/conf/hbase-site.xml
```

在 <configuration></configuration> 标签中输入下列配置参数及值。

```
<!-- 指定在本地文件系统上 HBase 数据存储目录 -->
<property>
        <name>hbase.rootdir</name>
        <value>file:///root/hbdata</value>
  </property>
<!-- 关闭分布模式 -->
<property>
  <name>hbase.cluster.distributed</name>
  <value>false</value>
</property>
<!-- 允许在本地文件系统上运行 HBase，仅用于开发 -->
<property>
  <name>hbase.unsafe.stream.capability.enforce</name>
  <value>false</value>
</property>
```

（3）启动并测试 HBase

```
[root@bds001 ~]#start-hbase.sh
[root@bds001 ~]#hbase shell
```

如图 3-9 所示，其中有 HBase 启动、客户端登录、创建数据表、列表和停止 HBase 的操作。

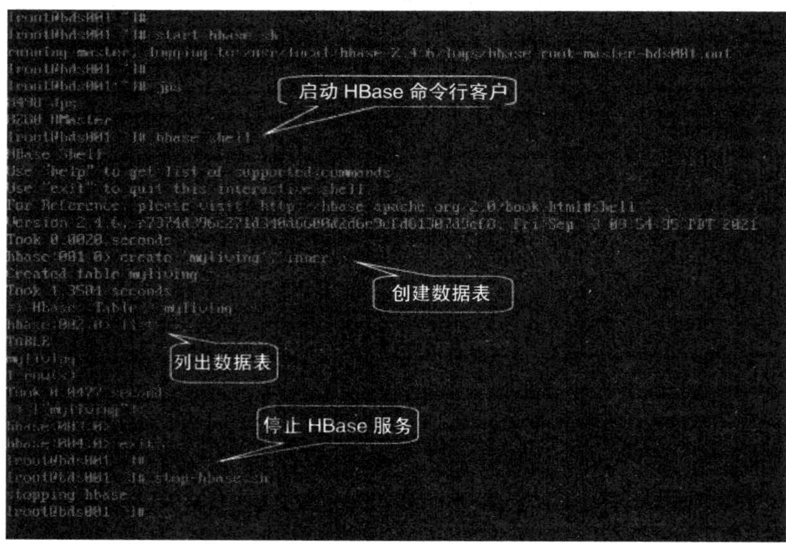

图 3-9　启动与测试 HBase

2. 部署 HBase 伪分布模式

HBase 伪分布模式是在单一节点上模拟分布式系统，HMaster、HRegionServer 和 Zookeeper 服务均运行在同一节点中，其功能与真正的分布式系统完全相似。在部署 HBase 伪分布模式之前应完成 Hadoop 伪分布模式的部署。

（1）修改 hbase-env.sh

```
[root@bds001 ~]#vi  $HBASE_HOME/conf/hbase-env.sh
```

修改后使 HBase 使用自带的 ZooKeeper 服务。

```
export HBASE_MANAGES_ZK=true
```

（2）修改 hbase-site.xml 配置文件

```
[root@bds001 ~]#vi  $HBASE_HOME/conf/hbase-site.xml
<!-- 指定在 HDFS 系统中 HBase 的数据目录 -->
<property>
        <name>hbase.rootdir</name>
        <value>hdfs://bds001:9000/hbdata</value>
   </property>
<!-- 打开 HBase 分布模式 -->
<property>
  <name>hbase.cluster.distributed</name>
  <value>true</value>
</property>
<!-- 指定 ZooKeeper 服务的节点 -->
<property>
  <name>hbase.zookeeper.quorum</name>
  <value>bds001</value>
</property>
<!-- 指定 ZooKeeper 的数据存放目录 -->
<property>
  <name>hbase.zookeeper.property.dataDir</name>
  <value>/root/zk</value>
</property>
```

（3）启动 HBase 伪分布模式

由于 HBase 伪分布模式使用 HDFS 来存储数据，因此，要先启动 HDFS，然后启动 HBase，停止服务与之相反，如图 3-10 所示。

```
[root@bds001 ~]#start-all.sh
[root@bds001 ~]#start-hbase.sh
```

```
[root@bds001 ~]#
[root@bds001 ~]# start-all.sh
Starting namenodes on [bds001]
Last login: Sun Jun  5 17:43:26 CST 2022 on tty2
Starting datanodes
Last login: Sun Jun  5 18:02:13 CST 2022 on tty2
Starting secondary namenodes [bds001]
Last login: Sun Jun  5 18:02:15 CST 2022 on tty2
Starting resourcemanager
Last login: Sun Jun  5 18:02:29 CST 2022 on tty2
Starting nodemanagers
Last login: Sun Jun  5 18:02:35 CST 2022 on tty2
[root@bds001 ~]#
[root@bds001 ~]# start-hbase.sh
bds001: running zookeeper, logging to /usr/local/hbase-2.4.6/bin/../logs/hbase-root-zookeeper-bds001
.out
running master, logging to /usr/local/hbase-2.4.6/logs/hbase-root-master-bds001.out
: running regionserver, logging to /usr/local/hbase-2.4.6/logs/hbase-root-regionserver-bds001.out
[root@bds001 ~]# jps
9985 NodeManager
9268 NameNode
10692 HMaster
10790 HRegionServer
9402 DataNode
10860 Jps
9598 SecondaryNameNode
9855 ResourceManager
10607 HQuorumPeer
[root@bds001 ~]# _
```


图 3-10　启动 HBase 伪分布工作模式

（4）测试 HBase

[root@bds001 ~]#hbase shell

执行 hbase shell 客户程序登录 HBase，如图 3-11 所示，完成了数据表 emp_tbl 的创建，然后输入数据，最后显示表中的数据。

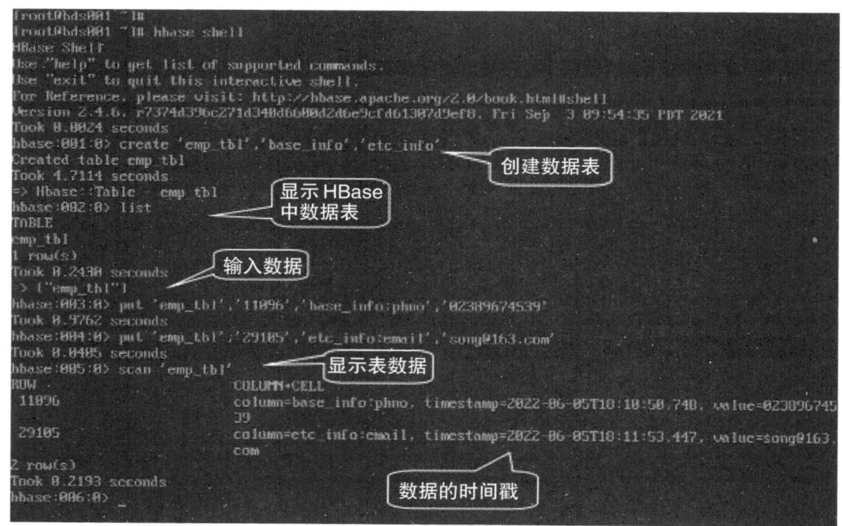

图 3-11　测试 HBase 伪分布模式

（5）使用 Web 查看 HBase 工作状态

HBase 在 16010 端口提供了 Web 服务，如图 3-12 所示，在浏览器地址栏输入 http://bds001:16010，通过 Web 页面可以查看 HBase 运行的状态，如服务基本信息、数据表的详细信息、日志、配置参数等。

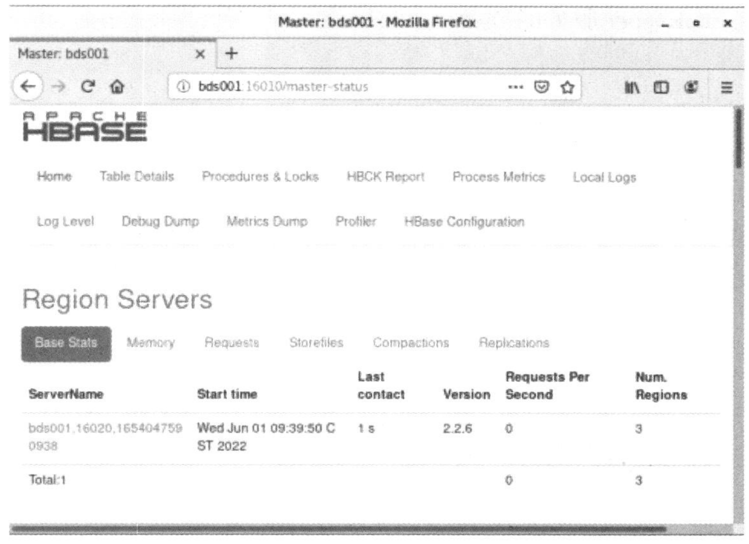

图 3-12 Web 方式查看 HBase 工作状态

HBase 数据库存储在底层的 HDFS 系统中，如图 3-13 所示。

```
[root@bds001 ~]#
[root@bds001 ~]# hdfs dfs -ls /hbdata
Found 12 items
drwxr-xr-x   - root supergroup          0 2022-06-01 09:39 /hbdata/.hbck
drwxr-xr-x   - root supergroup          0 2022-06-01 09:40 /hbdata/.tmp
drwxr-xr-x   - root supergroup          0 2022-06-01 10:18 /hbdata/MasterProcWALs
drwxr-xr-x   - root supergroup          0 2022-06-01 09:39 /hbdata/WALs
drwxr-xr-x   - root supergroup          0 2022-06-01 10:13 /hbdata/archive
drwxr-xr-x   - root supergroup          0 2022-06-01 09:39 /hbdata/corrupt
drwxr-xr-x   - root supergroup          0 2022-06-01 09:40 /hbdata/data
-rw-r--r--   3 root supergroup         42 2022-06-01 09:39 /hbdata/hbase.id
-rw-r--r--   3 root supergroup          7 2022-06-01 09:39 /hbdata/hbase.version
drwxr-xr-x   - root supergroup          0 2022-06-01 09:39 /hbdata/mobdir
drwxr-xr-x   - root supergroup          0 2022-06-01 10:18 /hbdata/oldWALs
drwx--x--x   - root supergroup          0 2022-06-01 09:39 /hbdata/staging
[root@bds001 ~]# hdfs dfs -ls /hbdata/data
Found 2 items
drwxr-xr-x   - root supergroup          0 2022-06-01 10:13 /hbdata/data/default
drwxr-xr-x   - root supergroup          0 2022-06-01 09:40 /hbdata/data/hbase
[root@bds001 ~]# hdfs dfs -ls /hbdata/data/default
Found 1 items
drwxr-xr-x   - root supergroup          0 2022-06-01 10:13 /hbdata/data/default/emp_tbl
[root@bds001 ~]# hdfs dfs -ls /hbdata/data/default/emp_tbl
Found 3 items
drwxr-xr-x   - root supergroup          0 2022-06-01 10:13 /hbdata/data/default/emp_tbl/.tabledesc
drwxr-xr-x   - root supergroup          0 2022-06-01 10:13 /hbdata/data/default/emp_tbl/.tmp
drwxr-xr-x   - root supergroup          0 2022-06-01 10:13 /hbdata/data/default/emp_tbl/e2cb41017f7f
a7ed1b30c01259e7cfa4
[root@bds001 ~]# _
```


图 3-13 HBase 数据库的 HDFS 系统中的目录与文件

3. 部署 HBase 分布模式

HBase 分布模式是用于生产环境中的部署模式。在分布模式下 HBase 有一个 HMaster 和多个 HRegionServer，它们分布运行在多个服务器节点上。下面是已在 bds001 完成 HBase 单机模式部署的基础上，利用 bds001、bds002 和 bds003 三个服务器部署 HBase 分布模式。

（1）修改配置文件 hbase-site.xml

修改 hbase-site.xml 配置文件。

[root@bds001 ~]#vi $HBASE_HOME/conf/hbase-site.xml

添加 ZooKeeper 服务节点 bds002、bds003 到配置中，其他配置不变。

```
<!-- 指定 ZooKeeper 服务的节点 -->
<property>
   <name>hbase.zookeeper.quorum</name>
   <value>bds001, bds002, bds003</value>
</property>
```

（2）配置运行 HRegionServer 的服务节点

```
[root@bds001 ~]#vi  $HBASE_HOME/conf/regionservers
bds001
bds002
bds003
```

（3）把 HBase 从 bds001 复制到 bds002 和 bds003 节点

```
[root@bds001 ~]#scp  – r /usr/local/hbase-2.4.6 root@bds002:/ usr/local/
[root@bds001 ~]#scp  – r /usr/local/hbase-2.4.6 root@bds003: /usr/local/
```

（4）启动 HBase

```
[root@bds001 ~]#start-all.sh
[root@bds001 ~]# start-hbase.sh
```

（5）测试 HBase

测试方法与伪分布模式相同，参考如图 3-11 所示的操作。

二、操作 HBase 数据库

HBase 除为用户提供了丰富的编程接口外，还提供了命令行客户端 HBase Shell，以方便用户管理 HBase。以下介绍 HBase 的常见基础操作。

（1）启动并连接到 HBase

```
[root@bds001 ~]#hbase shell
hbase(main):001:0>
```

（2）获取帮助

```
hbase(main):001:0>help
```

（3）创建数据表

在 HBase 创建数据表时，需要以字符串形式提供表名和列簇名，但不需要提供具体的列。下面将创建雇员数据表 emp_tbl，它有基础信息 base_info 和其他信息 etc_info 两个列簇。

```
hbase(main):002:0>create 'emp_tbl', ' base_info', ' etc_info'
0 row(s) in 0.4170 seconds
=> Hbase::Table – emp_tbl
```

（4）显示 HBase 中的表

List 用于显示 HBase 中的数据表，可以 list < 表名 > 来显示指定的表，<> 表示表名是用户输入，此处表名也要以字符串形式给出，如 list 'emp_tbl'。

```
hbase(main):003:0> list
TABLE
emp_tbl
1 row(s) in 0.0180 seconds
=> ["test"]
```

（5）显示数据表的结构信息

```
hbase(main):004:0> describe 'emp_tbl'
```

显示的信息如图 3-14 所示。

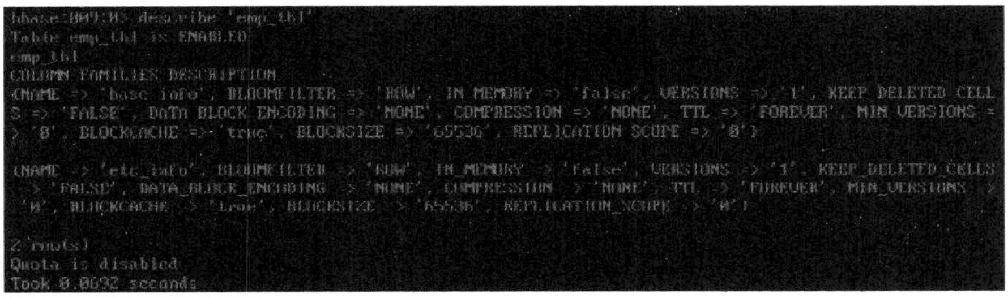

图 3-14　显示数据表的结构

（6）给数据表输入数据

输入数据时要按序指定表名、行键、列簇：列名和数据值，一个列簇中的列是动态添加的，而不像 SQL 数据表那样是预先定义的。数据以键—值对形式存储，且系统自动给数据值添加时间戳。

```
hbase(main):005:0>put 'emp_tbl','62301','base_info:name','Nicola'
hbase(main):006:0>put 'emp_tbl','62301','base_info:phno','18902378936'
hbase(main):007:0>put 'emp_tbl','33366','base_info:name','Tim'
hbase(main):008:0>put 'emp_tbl','62301','base_info:phno','02365107825'
```

（7）显示表中的数据

```
hbase(main):009:0>scan 'emp_tbl'
ROW          COLUMN+CELL
33366    column=base_info:name, timestamp=1421762495768, value= Tim
62301    column= base_info:name, timestamp=1421762461785, value= Nicola
62301    column= base_info:phno, timestamp=1421762463210, value=18902378936
62301    column= base_info:phno, timestamp=1421762497291, value=02365107825
4 row(s) in 0.0230 seconds
```

（8）抽取一行的数据

```
hbase(main):010:0>get 'emp_tbl','33366'
COLUMN                          CELL
base_info:name    timestamp=2022-06-05T19:08:53.834, value= Tim
1 row(s)
Took in 0.0350 seconds
```

（9）修改数据

在 HBase 中，修改数据不似 SQL 数据表中是替换原来的数据，而是插入一个新版本的数据，原数据依然存储在表中。

```
hbase(main):011:0>put 'emp_tbl','62301','base_info:phno','02365107888'
```

（10）停用 / 启用数据表

新建的数据表自动处于启用状态，可对数据表进行数据相关操作。如果要修改表的设置或删除表，则先要执行命令 disable 停用数据表，如果要重新启用已停用的数据表，则使用 enable 命令。

```
hbase(main):012:0>disable 'emp_tbl'
hbase(main):013:0>enable 'emp_tbl'
```

（11）删除单元格

删除单元格也即删除数据表中指定行的指定列。

```
hbase(main):014:0>delete 'emp_tbl','62301',' base_info:phno'
```

（12）删除行

```
hbase(main):015:0>deleteall 'emp_tbl','62301'
```

（13）查看表中的记录数

```
hbase(main):016:0>count 'emp_tbl'
```

（14）删除数据表

```
hbase(main):017:0>drop 'emp_tbl'
```

（15）查看表是否存在

```
hbase(main):017:0>exist 'emp_tbl'
```

HBase shell 的常用命令及使用方法见表 3-6。

表 3-6　HBase shell 的常用命令

命令	功能	命令一般格式
help ′命名名′	查看命令帮助信息	help ′命令名′
whoami	显示当前用户与组	whoami
version	返回 hbase 版本信息	version
status	返回 hbase 集群的状态信息	status
table_help	查看如何操作表	table_help

续表

命令	功能	命令一般格式
create	创建表	create' 表名 ', ' 列簇名 1', ' 列簇名 2', ' 列簇名 N'
alter	修改列簇	添加一个列簇：alter ' 表名 ', ' 列簇名 ' 删除列簇：alter ' 表名 ', {NAME=> ' 列簇名 ', METHOD=> 'delete'}
describe	显示表相关的详细信息	describe ' 表名 '
list	列出 hbase 中存在的所有表	list
list_namespace	显示名称空间	list_namespace
list_namespace_tables	查看命名空间的所有表	list_namespace_tables
create_namespace	创建命名空间	create_namespace' 命名空间名称 '
drop_namespace	删除命名空间	drop_namespace ' 命名空间名称 '
exists	测试表是否存在	exists ' 表名 '
put	添加或修改表的值	put ' 表名 ', ' 行键 ', ' 列簇名 ', ' 列值 ' put ' 表名 ', ' 行键 ', ' 列簇名 : 列名 ', ' 列值 '
scan	通过对表的扫描来获取对应的值	scan ' 表名 ' 扫描某个列簇：scan' 表名 ', {COLUMN=>' 列簇名 '} 扫描某个列簇的某个列：scan ' 表名 ', {COLUMN=>' 列簇名 : 列名 '} 查询同一个列簇的多个列：scan ' 表名 ', {COLUMNS => [' 列簇名 1: 列名 1', ' 列簇名 1: 列名 2', …]}
get	获取行或单元的值	get ' 表名 ', ' 行键 ' get ' 表名 ', ' 行键 ', ' 列簇名 '
count	统计表中行的数量	count ' 表名 '
incr	增加指定表行或列的值	incr ' 表名 ', ' 行键 ', ' 列簇 : 列名 ', 步长值
get_counter	获取计数器	get_counter ' 表名 ', ' 行键 ', ' 列簇 : 列名 '
delete	删除指定对象的值（可以为表、行、列对应的值，另外也可以指定时间戳的值）	删除列簇的某个列：delete ' 表名 ', ' 行键 ', ' 列簇名 : 列名 '
deleteall	删除指定行的所有元素值	deleteall ' 表名 ', ' 行键 '
truncate	重新创建指定表	truncate ' 表名 '
enable	使表有效	enable ' 表名 '
is_enabled	是否启用	is_enabled ' 表名 '
disable	使表无效	disable ' 表名 '
is_disabled	是否无效	is_disabled ' 表名 '
drop	删除表	drop 的表必须是 disable 的 disable ' 表名 ' drop ' 表名 '
shutdown	关闭 hbase 集群（与 exit 不同）	shutdown
tools	列出 hbase 所支持的工具	tools
exit	退出 hbase shell	exit

岗证须知

要获得大数据平台运维技能证书，要求从业人员能独立配置 HBase 基础环境，独立安装、配置、测试 HBase 组件。

要获得大数据平台管理与开发技能证书，要求从业人员能理解 HBase 存储机制，能启动、停止 HBase 组件和查看 HBase 组件的运行状态，能独立通过 shell 命令完成 HBase 命名空间的创建、查看与删除等操作，能完成 HBase 表的创建、查看、禁用、删除、数据写入、查询等操作。

检　查

一、填空题

1. NoSQL 的真正含义是________________。

2. NoSQL 的数据架构模式常见有________、_________、________和________4 种类型。

3. 键—值存储 NoSQL 的基本存储单元是_________。键和值都是_________。

4. 列簇存储的逻辑数据模型也可以看成一张_________，它的_________是事先定义的，______可以动态增加。

5. 列簇存储也是一种键值存储，它的键由_________、__________、_________组成。

6. 文档是_________的有序集，而集合是由_________组成。集合的角色相当于 SQL 数据库中的__________。

7. 图存储的基本单元是由________________组成的三元组。

8. 图存储擅长__________、____________等复杂关系业务数据的处理。

9. HBase 是______________的 NoSQL 数据库，数据存储在__________中。

10. HBase 服务必须的组件有__________、__________、____________。

11. HBase 的数据表以____________为边界划分成_________，然后可存储到不同的节点上。

12. Hlog 的作用是__________，HBase 的数据以_________格式存储在 HDFS 系统中。

13. 启动 HBase 的顺序是先执行_________启动 HDFS，然后执行_________启动 HBase。

14. 执行_________连接到 HBase，退出连接执行__________。

15. HBase 默认的 Web 服务端口是_______。

二、判断题

1. 在大数据时代，SQL 数据库没什么用武之地了。 （ ）
2. HBase 的数据实际存储在 HDFS 系统中。 （ ）
3. 小企业可部署 HBase 伪分布模式来存储业务数据。 （ ）
4. HBase 按行存储数据。 （ ）
5. HBase 数据表的数据总是按行键字典顺序有序存储。 （ ）
6. HBase 数据表的单元格只能存储一个数据值。 （ ）
7. HBase 数据表中的数据不像 SQL 数据表那样密集。 （ ）
8. 在 HBase 数据表中可像 SQL 数据表一样一次插入一行数据。 （ ）

三、简答题

1. 简述 NoSQL 的常见数据架构模式及特点。
2. 画图描述 HBase 的组成架构。
3. 简述 HMaster 和 HRegionServer 的功能。
4. 简述 HBase 中数据写入的过程。
5. 写出执行下列操作的命令。

（1）创建数据表 wages，它有一个列簇 emt。

（2）插入以下数据。

工号	基本工资（basic）	绩效（perf）	加班（overtime）
2091	3096	2100	
3128		6709	3218
2193	2706		

（3）显示表中所有数据。

（4）查看工号为 2091 的数据。

评　价

根据学习情况自查，在对应的知识点认知分级栏中打“√”。

序号	评价内容	识记	理解	应用	分析	评价	创造	问题
1	NoSQL 数据库与 SQL 数据库的区别							
2	NoSQL 数据库的典型数据架构模式及应用场景							
3	HBase 的逻辑数据模型和存储数据模型							
4	HBase 数据库集群的体系架构							
5	HBase 数据库集群各组件的功能							
6	HBase 的部署							
7	HBase 的基本操作							
教师诊断评语：								

任务二　使用 Hive 分析数据

微　课

Hive 的体系架构

资　讯

--- 任务描述：

景泰木材加工厂已经在 Hadoop 大数据平台的 HDFS 和 HBase 中存储了大量的数据，但企业的技术员发现要分析处理这些数据却相当不容易，通过咨询得知，要有效发挥大数据的价值，需要针对业务需求编写对应的 Java 程序，这对技术能力薄弱的企业来说几乎是不可能实现的。企业希望能像使用 RDBMS 数据库那样，使用 SQL 命令来分析处理大数据。在知悉企业的需求后，亿思科技公司的大数据开发工程师大伟向他们推荐了 Hive，这是一个基于 Hadoop 的数据分析引擎，管理员可以借用熟悉的 SQL 数据库的操作经验来分析和处理大数据集，而不需要编写 Java 程序。为此，大伟要完成以下培训工作：

①认识 Hive 架构基础知识；

②安装部署 Hive；

③使用 Hive 管理大数据。

--- 知识准备：

一、Hive 的体系架构

在使用 Hive 之前，要分析和处理存储在 HDFS 中的数据，一般都要通过编写基于 MapReduce 计算框架的 Java 程序来完成的。Hive 是 Hadoop 提供的易用的数据分析引擎，它让用户可以使用 SQL 命令来分析 HDFS 系统中存储的数据。Hive 的体系架构如图 3-15 所示。

Hive 支持 HQL（Hive Query Language）查询语言，它类似 SQL 语言。用户提交的 HQL 命令经 Hive Driver 转换为 MapReduce 任务，然后在 YARN 上运行，实现分析和处理 HDFS 中的数据。

1. Hive 的用户接口

Hive 提供了丰富的用户接口，包括命令行用户接口、Beeline 命令行用户接口、JDBC/ODBC（Java 数据库连接 / 开放数据库连接）接口和 Web 用户接口。

①命令行用户接口是由 Hive 提供的命令行客户端，用户通过命令行客户端可以使用 HQL 实现数据表创建，数据插入、更改、删除、分析等操作。

②Beeline 命令行用户接口是基于 HiveServer2 和 SQLLine 服务的命令行客户端，使用 JDBC 连接 Hive，支持本地或远程访问。

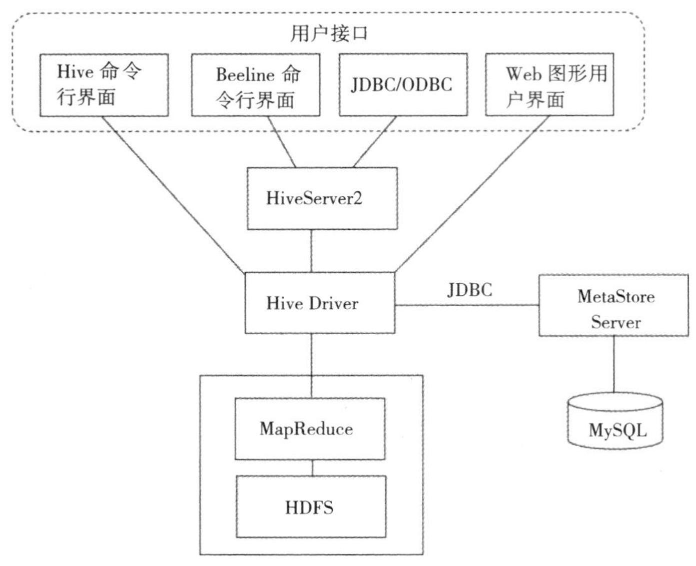

图 3-15 Hive 的体系架构

③JDBC/ODBC 接口为应用程序提供连接数据的能力，如使用 Java、C++、Python 编写大数据应用程序时将使用 JDBC/ODBC 来访问数据。

④Web 用户接口提供使用浏览器远程访问 Hive 的方法。由 Cloudera 开发的 Hue 是 Hive 的 Web 用户接口。

2. HiveServer2

HiveServer2 是为远程客户端提供执行 Hive 查询的服务组件，同时支持多个客户端并发请求，能让 Java、C++、Python 等多种语言访问 Hive。

3. Hive Driver

Hive Driver 是 Hive 的一个组件，它相当于一个语言编译器，其将 HQL 语言写成的数据分析与处理的命令转换成 MapReduce 任务，并提交到 YARN 运行，相关数据保存到 HDFS 系统中。

4. MetaStore Server

MetaStore Server 是元数据存储服务组件。元数据是描述数据的数据，如数据的类型、长度、约束等数据。由于 Hive 元数据需要频繁读写，不适合存储到 HDFS 中，通常存储在关系型数据库，如 MySQL、Derby 中。用户通过 MetaStore Server 访问存储在关系型数据库中的元数据。

二、认识 Hive 的数据运算

1. Hive 支持的数据类型

为方便用户分析和处理数据，Hive 内建支持多种数据类型，用于定义数据表列的数据类型，可分为基本数据类型和复合数据类型。

（1）基本数据类型

基本数据类型是指具有单一值的数据类型，如整型、浮点型、字符型等，见表 3-7。

表 3-7　Hive 标量数据类型

类型		长度 /B	示例	说明
整型	tinyint	1	100Y	
	smallint	2	100S	
	int	4	100	
	bigint	8	100L	
浮点型	float	4		单精度浮点数
	double	8		双精度浮点数
定点型	decimal(m,p)	与 double 相似	567.89	定点小数，m 指定有效数位数，p 指定精度。最大 decimal(38,0)，默认 decimal(10,0)
	numeric(m,p)		76.9087	
字符型	char(L)	L<=255		固定长度字符串，不足填充空格
	varchar(L)	L<=66635		固定长度字符串
	string	C 风格字符串	'Hadoop' "Hadoop"	类似 C 语言中的字符串
日期时间型	date	4	'2022-06-01'	'YYYY-MM-DD'，能表达 0000-01-01~ 9999-12-31 范围的日期
	timestamp	8	2022-06-07 13:45:19.091011226	时间戳，可以用整数、定点数或形如字串 "YYYY-MM-DD HH: MM: SS.fffffffff" 来表达
二进制型	binary			主要用于存储媒体数据图像、声音、视频等
布尔型	boolean		true、false	

（2）复合数据类型

复合数据类型由多个数据组合而成，包括数组、映射、结构。

①数组（Array）。

数组是一组类型相似的数据元素组成的数据集合。每个数据元素从 0 开始依次分配一个位置索引序号（也称为下标），并以“数组名 [下标]”访问数组元素。

定义数组：base_colors array<'red','green','blue'>

访问元素：base_colors[0]

②映射（Map）。

映射是键—值对的集合。映射的值可以是 Hive 支持的任何数据类型，通过键可以访问对应的值。

定义映射：books map<'string','double'>

books map<'Hive','59.7'>

访问映射：books('Hive')

③结构（Struct）。

结构由若干数据字段组成，字段的数据类型可以不同。使用“结构名 . 字段名”访问某个字段。

定义结构：mph struct<brand:string,type:string,price:decimal(7,2)>

mph<'vivo','note2',2176.99>

访问字段：mph.price

2. Hive 的数据运算

Hive 为数据分析和处理提供了丰富的数据运算支持，不但有各种基本运算操作，还提供了大量系统函数来扩展数据处理能力。

（1）数据运算操作

Hive 的数据运算分为算术、关系、逻辑、位运算几种，见表 3-8。

表 3-8 Hive 的运算符

运算符			示例	说明
算术运算	加	+	a+b	
	减	-	a-b	
	乘	*	a*b	
	除	/	a/b	
	整除	div	a div b	
	取余	%	a%b	
	位与	&	a&b	
	位或	|	a|b	
	位异或	^	a^b	
	位取反	~	~a	
关系运算	小于	<	a<b	
	小于等于	<=	a<=b	
	大于	>	a>b	
	大于等于	>=	a>=b	
	等于	=	a=b	
	是空值	is null		
	不是空值	in not null		
	像通配串	like	str like 'T%'	通配串中 % 表示任意数量字符，_ 表示任意一个字符
	像模式串	rlike	str rlike '^T*s$'	模式串是符合正则表达式规则的字符串
	像模式串	regexp	str regexp '^T*s$'	
	在列表中	in	gd in('car','train')	
逻辑运算	逻辑非	not	not C1	
	逻辑与	and	C1 and C2	
	逻辑或	or	C1 or C2	

(2) Hive 的系统函数

Hive 内建丰富的函数来提高数据分析的效率，同时，还支持用户自己定义函数来满足特别的处理需要。根据应用方向不同，内置函数分为数值类型函数、日期类型函数、字符串类型函数、集合函数、条件函数等几种，常用系统函数见表 3-9。

表 3-9 Hive 常用系统函数

函数		功能	示例
数学函数	round(double,int)	四舍五入，保留小数	round(3.619,2)
	floor(double)	向下取整	floor(21.8)
	ceil(double)	向上取整	ceil(21.8)
	rand( )，rand(int)	0 到 1 之间的随机数	rand( )
	abs(double)，abs(int)	取绝对值	abs(-14.91)
	sqrt(double)	求平方根	sqrt(9.0)
	pow(double,double)	幂	pow(3,2)
	log10(double)	10 为底的对数	log10(100)
	bin(bigint)	转换二进制数	bin(65)
字符串函数	length(string)	字符串长度	length('oop')
	concat(string,string,...)	字符串连接	concat('schema',' tools')
	substr(string,int,int)	从指定位置，长度取子串	substr('action',0,3)
	upper(string)	转换成大写	upper('hadoop')
	lower(string)	转换成小写	upper('Hadoop')
	trim(strin)	去字符串左右两边空格	trim(' bee ')
	space(int)	生成指定个数的空格串	space(6)
日期时间函数	current_date( )	获取当前日期	current_date( )
	current_timestamp( )	获取当前时间戳	current_timestamp( )
	to_date(timestamp)	从时间戳获得日期	to_date(current_date( ))
	year、montth、day	从日期中获得年、月、日	year('2022--6-08')
	hour、minute、second	从时间戳获得时、分、秒	hourr('2022--6-08 09:00:00')
	date_add(date,int)	日期增加	date_add('2022--6-08 ',1)
	date_sub(date,int)	日期减少	date_sub('2022--6-08 ',1)
杂项	cast( )	类型转换	cast(23.762 as int)
	if( )	条件	if(a<0,-a,a)
	hash(string)	求哈希值	hash('root')
	sha1(string|binary)	生成 160 位哈希值	sha1('root')
	sha2(string|binary,int)	可指定生成位数（224、256、384、512）的哈希值	sha2('root',384)
	md5(string|binary)	生成 128 位的消息摘要	md5('root')

三、认识 Hive 的数据模型

SQL 数据库有逻辑数据模型和物理数据模型，逻辑数据模型面向应用解决数据的组织问题，物理数据模型解决数据在不同存储介质上存储的问题。Hive 是基于 HDFS 的数据仓库，它的数据存储是由 HDFS 负责的。Hive 的数据模型可以和 SQL 数据库的逻辑数据模型类比，指的是 Hive 表的结构组成。Hive 表也是由逻辑行、列组成的，与 SQL 数据表不同的是 Hive 中的数据是独立于数据表存储在 HDFS 中的，而数据表的定义（元数据）则存储在关系数据库中，因此，Hive 支持为同一个数据集定义多个数据表。数据与数据表不像 SQL 数据表那样紧密关联，当删除 Hive 数据表时，并不意味着表的数据也一定要被删除，也就是说数据与数据模式是分离的，这允许人们在模式定义之前把数据加载到 HDFS 中，并可以以多种格式存储，当创建了应用程序所需要的模式后，可以轻松地把它映射到底层数据，以方便人们使用 SQL 命令进行分析与处理。Hive 表分为内部表、外部表、分区表和桶表，表的类型决定了 Hive 如何加载、存储和控制数据。

1. 内部表

内部表是指数据由 Hive 管理的表，也称为管理表。内部表如同 SQL 数据表，当删除内部表时，其底层数据也一并删除。每个内部表对应 HDFS 系统中的一个目录，默认在 HDFS 的 /user/hive/warehouse 目录下创建与表名相同的子目录，与内部表关联的数据文件即存储在这个目录中。内部表一般用于处理仅需临时存储的数据，不建议用内部表来分析处理需要长期存储的数据。虽然内部表的数据由 Hive 管理，但仍可以通过 HDFS 直接修改或删除它。

2. 外部表

外部表的数据不由 Hive 管理，它们可以存储在 HDFS 中的任何目录中，而非必须存储在 Hive 数据仓库目录中。创建外部表时，既可加载 HDFS 已有的数据，也可以添加新的数据。当删除外部表时，只是删除了外部表的定义，而不会把数据从 HDFS 系统中删除。使用外部表可以实现在同一数据集上定义多种数据模式，外部表是 Hadoop 生产环境中推荐使用的表，它能保证加载到 HDFS 中的数据不会被无意删除。

3. 分区表

在 Hive 中可以根据某一列（字段）的值将表分成若干子表，这样的子表就是分区表。每个分区表对应 Hive 数据仓库中的一个目录，这些分区在物理上是分开存储的。当执行查询时，可以根据查询条件，只需在某个分区中搜索，避免全表扫描，提高了查询效率。Hive 分区表分为静态分区表和动态分区表两种，在向静态分区表插入数据时要指定分区条件，而动态分区表则是根据插入的数据动态建立分区，但要注意的是 Hive 总是以最后一列的值来建立动态分区，在插入数据时，Hive 根据列的位置来推测分区依据，而不依赖于列名。

4. 桶表

为提高数据查询效率，Hive 可以将表或分区进一步分成桶。桶是一种特殊的分区，即选择一个 hash（哈希）函数对数据计算其哈希值，哈希值相同的数据将保存到同一个桶表中。桶表与分区表不同的是分区对应的是数据仓库中的子目录，桶对应的是数据文件。

除了上述 4 种类型的表外，还有一种表称为临时表，它的元数据与数据只存在于当前会话中，会话结束时，Hive 将自动删除临时表的元数据和数据。

5. 视图

视图又称为虚表，在视图中查询的数据要从相关的基数据表中来，当然最终来自底层的数据文件。视图可以跨多个表建立，视图的主要用途是简化复杂查询任务。一般来说视图不能提高查询效率，但 Hive 3 支持物化视图，即把建立视图时查询生成的数据保存下来，当再次从物化后的视图查询时，就少了查询生成数据的过程，从而提高了从视图中查询数据的速度。

四、Hive 数据文件格式

对于大数据应用来说，最大的性能瓶颈就是数据的磁盘 IO、网络 IO 以及不断发展的模式或存储限制。选择合适的文件格式可以带来更快的读取时间、更快的写入时间、文件的可拆分、模式的演变支持和高级压缩支持，从而提高大数据应用的性能。Hive 支持的数据文件格式分为行式存储和列式存储两大类。

1. 行式存储

（1）文本文件

Hive 数据表的默认格式，采用行存方式。CSV（Comma-Separated Values，逗号分隔值）文件是常见的数据格式文件，无法存储元数据，新字段只能追加到所有字段的尾部，支持有限的模式演进，读性能低。不支持块压缩，可以使用 Gzip 压缩算法，但压缩后的文件不支持分割。在大数据应用中，经常要对数据进行序列化和反序列化操作。序列化就是指把数据对象转换为字节序列的过程，在传递和保存数据对象时，保证数据对象的完整性和可传递性，将数据对象序列化后可以方便在网络上传输或保存到存储系统中。反序列化是根据读取的字节流重建数据对象的过程。CSV 文件在反序列化过程中，必须逐个字符判断是不是分隔符和行结束符，因此反序列化开销很高。

（2）序列化文件

序列化文件（Sequence File）是 Hadoop 用来存储二进制形式键 - 值对而设计的一种平面文件，采用行存储方式。序列化文件支持 NONE、RECORD、BLOCK 3 种压缩选择，其中 RECORD 是默认选项，但 BLOCK 会有更好的压缩性能。它也是可分割的文件格式，支持 MapRedude 程序的并行处理。

（3）Avro 文件

Avro 文件是 Hadoop 平台上基于行存储格式的数据文件，被广泛用作序列化。Avro 采用 JSON（JavaScript Object Notation, JS 对象符号记录系统，一种常用的数据交换格式）描述数据，具有语言中立性，使其易于多种语言（如 C、C++、C#、Java、Python 和

Ruby）编写的任何程序的读取和解释。数据本身以二进制格式存储，支持二进制序列化、文件分割、块压缩，可以便捷、高效地处理大量数据。Avro 能存储元数据，可以通过定义一个独立的模式文件来增加、删除和修改模式的字段，支持随时间变化的数据模式演进。

2. 列式存储

（1）ORC 文件

ORC（Optimized Record Columnar，优化行列式）文件提供了一种高效的数据存储方式，它把数据按行分块，每块按照列存储，结合了行存储和列存储的优势，同一行的数据位于同一节点，因此元组重构的开销很低，数据以二进制格式编码，并且支持压缩。ORC 提供了高效的方法来存储 Hive 数据，可以提高 Hive 的读、写以及处理数据的性能。

（2）Parquet 文件

Parquet 是面向分析型业务的列式存储格式。Parquet 文件以二进制方式存储，文件中包括数据和元数据，因此 Parquet 文件如同 SQL 数据表是自解析的。Parquet 文件兼容 Hadoop 生态圈中大多数计算框架(Mapreduce、Spark 等)，被多种查询引擎支持（Hive、Impala、Drill 等），并且它与语言和平台无关的。Parquet 在同一个数据文件中保存一行中的所有数据，确保在一个节点上读取一行的所有列，有效提升查询性能。

在生产环境中，Hive 表的数据存储格式一般选择 ORC 或 Parquet，而对数据模式变动频繁的应用建议选用 Avro。Hive 的默认数据文件格式为文本文件，这有利于从文本文件中加载数据，然后根据应用特性要求转存为其他格式的文件。

详细内容请参考官方在线文档。

实践真知

Hive 的 4 种数据表各自有何特性？给出恰当的使用选择建议。

内部表：________________

外部表：________________

分区表：________________

桶　表：________________

计划&决策

Hive 是基于 Hadoop 的数据仓库平台，其底层数据存储依赖于 HDFS，在客户端则可使用类似 SQL 的命令来操纵数据，降低了大数据管理的技术门坎。景泰木业的信息技术管理员具有一定的 SQL 数据库管理经验，这将有利于掌握 Hive 的使用。在 Hive 提供的命令行客户端使用 HiveSQL 能够用与 RDBMS 数据库中相似的方式来管理 Hadoop 平台上存储的数据，但 HiveSQL 还不能与标准 SQL 语言完全对等，在使用中要注意不能完全依赖过去的 SQL 经验，才能顺利适应新的数据处理模式。为让企业大数据管理员能快速掌握 Hive 的使用，大数据开发工程师大伟制订了如下工作计划。

①培训 Hive 的理论基础；

②安装部署 Hive 数据仓库组件；

③培训 Hive 的数据管理操作。

实 施

一、部署 Hive 数据仓库

Hive 有内嵌、本地和远程 3 种部署模式。内嵌模式是 Hive 的默认启动模式，它使用内置的关系数据库 Derby 来存储 Hive 表的元数据，Hive 服务、Derby 和 Metastore Server 服务运行在同一个 JVM（Java Virtual Machine，Java 虚拟机）中，因此，同时只允许一个用户进行操作。本地模式则使用其他 SQL 数据库（常使用 MySQL）来存储 Hive 表的元数据，Hive 服务和 Metastor Server 服务运行在一个 JVM 中，MySQL 在独立的进程中运行，支持多用户访问 Hive 数据。远程模式把 Metastore Server 服务分离出来作为独立进程运行，并可部署到多个节点上，支持多用户并行访问，生产环境建议采用远程部署模式。

1. 部署 Hive 内嵌模式

从官网 hive.apache.org 上下载 Hive 安装包，如 apache-hive-3.1.3-bin.tar.gz，然后复制到 /usr/local/src 目录中。

（1）安装 Hive

如图 3-16 所示，执行下列命令安装 Hive 到系统中。

```
[root@bds001 ~]#
[root@bds001 ~]# tar -zxf /usr/local/src/apache-hive-3.1.3-bin.tar.gz -C /usr/local/
[root@bds001 ~]#
[root@bds001 ~]# cd /usr/local/
[root@bds001 local]#
[root@bds001 local]# mv apache-hive-3.1.3-bin/ hive-3.1.3
[root@bds001 local]#
[root@bds001 local]# ll hive-3.1.3/
total 56
drwxr-xr-x. 3 root root   157 Jun  8 02:29 bin
drwxr-xr-x. 2 root root  4096 Jun  8 02:29 binary-package-licenses
drwxr-xr-x. 2 root root  4096 Jun  8 02:29 conf
drwxr-xr-x. 4 root root    34 Jun  8 02:29 examples
drwxr-xr-x. 7 root root    68 Jun  8 02:29 hcatalog
drwxr-xr-x. 2 root root    44 Jun  8 02:29 jdbc
drwxr-xr-x. 4 root root 12288 Jun  8 02:29 lib
-rw-r--r--. 1 root root 20798 Mar 29 03:39 LICENSE
-rw-r--r--. 1 root root   230 Mar 29 03:39 NOTICE
-rw-r--r--. 1 root root   540 Mar 29 03:45 RELEASE_NOTES.txt
drwxr-xr-x. 4 root root    35 Jun  8 02:29 scripts
[root@bds001 local]#
```

图 3-16 安装 Hive

```
[root@bds001 ~]#tar -zxf /usr/local/sr/apache-hive-3.1.3-bin.tar.gz   \
>          -C  /usr/local
[root@bds001 ~]#mv /usr/local/apache-hive-3.1.3  /usr/local/hive-3.1.3
```

（2）配置 Hive 运行的环境变量

编辑 .bash_profile 文件，添加 HIVE_HOME 变量，并把 Hive 安装目录中的子目录 bin 添加到搜索路径中。

```
[root@bds001 ~]#vi .bash_profile
export HIVE_HOME=/usr/local/hive-3.1.3
export PATH=$PATH:$HIVE_HOME/bin
[root@bds001 ~]#source  .bash_profile
```

由于 Hive 的底层数据使用 HDFS，需要建立 Hive 到 Hadoop 的关联。

```
[root@bds001 ~]#cd/usr/local/hive-3.1.3/conf
[root@bds001 conf]#cp hive-env.sh.tmplate hive-env.sh
[root@bds001 conf]#vi  hive-env.sh
export HADOOP_HOME=/usr/local/hadoop-3.3.1
```

（3）建立 Hive 数据仓库目录

建立 Hive 的缓存目录，并让同组用户可以访问。

```
[root@bds001 ~]#hdfs dfs -mkdir /tmp
[root@bds001 ~]#hdfs dfs -chmod g+w /tmp
```

以同样的方法建立 Hive 数据仓库目录，用来存储 Hive 数据库。

```
[root@bds001 ~]#hdfs dfs  -mkdir  /user/hive/warehouse
[root@bds001 ~]#hdfs dfs  -chmod g+w  /user/hive/warehouse
```

（4）初始化 Hive 元数据

内嵌模式 Hive 的元数据默认存储在内置的关系数据库 Derby 中，因此，在初始化命令 schematool 的数据库类型参数 -dbType 指定其值为 derby。注意，存储元数据的数据库位置默认是在执行 schematool 目录中的，以下命令将在 /root 目录中创建 metastore_db 目录来存储元数据的 derby 数据库。

```
[root@bds001 ~]#schematool  -dbType derby  -initSchema
```

（5）启动 Hive 并测试

启动 Hive 服务，并进入 Hive 命令行客户界面，成功进入 Hive 将显示命令提示符 hive>，可执行 Hive 的各种命令，如图 3-17 所示。

```
hive>
    > show databases;
default
hive> select current_date();
2022-06-15
hive> select current_timestamp();
2022-06-15 09:51:31.353
hive>
```

图 3-17　测试 Hive

[root@bds001 ~]#hive

2. 部署本地模式

本地模式要使用独立的 SQL 服务来存储管理 Hive 的元数据，这里将使用 MySQL 数据库服务，因此，要先安装 MySQL 并完成相应配置，然后再配置 Hive 以实现本地服务模式。

（1）安装配置 MySQL

CentOS 7 系统默认安装的是 Mariadb 数据库，先卸载它，然后安装 MySQL。

[root@bds001 ~]#rpm -qa | grep mariadb

[root@bds001 ~]#rpm -e --nodeps mariadb-libs

以 yum 方式在线安装 MySQL，先安装 MySQL 的仓库，从 repo.mysql.com 下载所需版本的 MySQL 仓库文件，如将 mysql57-community-release-el7-11.noarch.rpm 放到 /urr/local/src 目录中，然后安装 MySQL 仓库配置文件，该仓库配置文件将复制到 /etc/yum.repo.d 目录中。

[root@bds001 ~]# cd /usr/local/src/

[root@bds001 src]#rpm -i mysql57-community-release-el7-11.noarch.rpm

在线安装 MySQL，在需要确认时，输入“y”确认，如图 3-18 所示。

[root@bds001 ~]# yum install mysql-community-server.x86_64

图 3-18　在线安装 MySQL

启动 MySQL 服务。

[root@bds001 ~]#systemctl start mysqld.service

在安装日志文件 /var/log/mysqld.log 中查看 root 的初始密码，记录下来，以备 MySQL 登录时使用，如图 3-19 所示。

[root@bds001 ~]#grep "password" /var/log/mysqld.log

```
[root@bds001 src]#
[root@bds001 src]# systemctl start mysqld.service
[root@bds001 src]#
[root@bds001 src]# grep "password" /var/log/mysqld.log
2022-06-11T10:04:45.918733Z 1 [Note] A temporary password is generated for root@localhost: JaBpFcV!j
3Lq
[root@bds001 src]# mysql -u root -p
Enter password:
```

图 3-19　查看 root 的初始密码

使用客户端程序 mysql 登录 MySQL 服务器，然后立即更改 root 账号密码，使用初始密码没有管理操作 MySQL 数据库的权限，如图 3-20 所示。

[root@bds001 ~]#mysql -uroot -p

```
[root@bds001 src]#
[root@bds001 src]# systemctl start mysqld.service
[root@bds001 src]# grep "temporary password" /var/log/mysqld.log
2022-06-11T10:04:45.918733Z 1 [Note] A temporary password is generated for root@localhost: JaBpFcV!j
3Lq
[root@bds001 src]#
[root@bds001 src]# mysql -u root -p
Enter password:
Welcome to the MySQL monitor.  Commands end with ; or \g.
Your MySQL connection id is 2
Server version: 5.7.38 MySQL Community Server (GPL)

Copyright (c) 2000, 2022, Oracle and/or its affiliates.

Oracle is a registered trademark of Oracle Corporation and/or its
affiliates. Other names may be trademarks of their respective
owners.

Type 'help;' or '\h' for help. Type '\c' to clear the current input statement.

mysql>
mysql> alter user 'root'@'localhost' identified by 'Netspace@123';
Query OK, 0 rows affected (0.00 sec)

mysql> show databases;
+--------------------+
| Database           |
+--------------------+
| information_schema |
| mysql              |
| performance_schema |
| sys                |
+--------------------+
4 rows in set (0.00 sec)

mysql>
```

图 3-20　登录测试 MySQL

创建管理 Hive 元数据的数据库和账户，然后授予账户对元数据库的所有权限，如图 3-21 所示。

mysql>create database hive_meta_db;

mysql>create user 'hroot' identified by 'Hive#313';

mysql>grant all privileges on hive_meta_db.* to 'hroot'@'%' identified by 'Hive#313';

mysql>flush privileges;

（2）配置 Hive

首先下载 Java 连接 MySQL 的驱动包到 Hive 安装目录下的 lib 子目录，然后配置 hive-site.xml 文件。

[root@bds001 ~]#vi $HIVE_HOME/conf/hive-site.xml

<configuration>

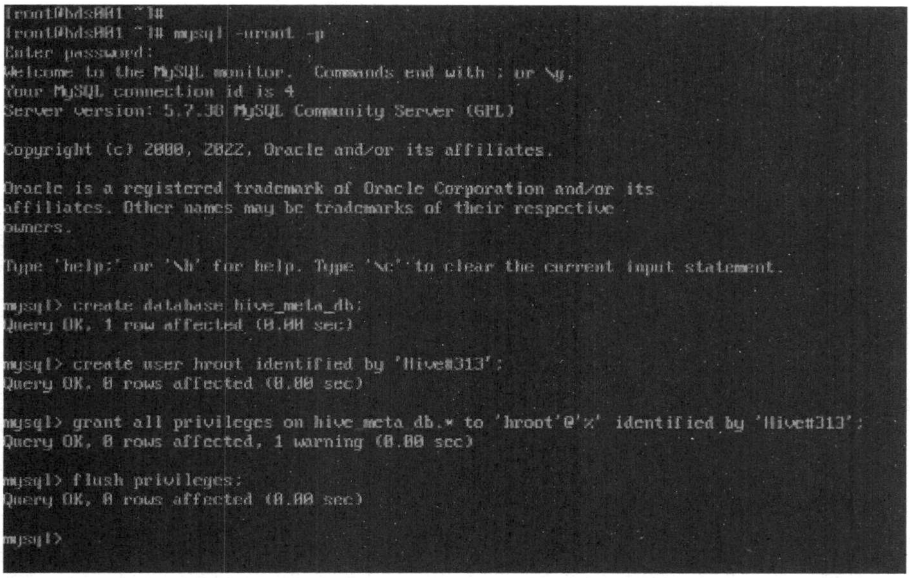

```
[root@bds001 ~]#
[root@bds001 ~]# mysql -uroot -p
Enter password:
Welcome to the MySQL monitor.  Commands end with ; or \g.
Your MySQL connection id is 4
Server version: 5.7.38 MySQL Community Server (GPL)

Copyright (c) 2000, 2022, Oracle and/or its affiliates.

Oracle is a registered trademark of Oracle Corporation and/or its
affiliates. Other names may be trademarks of their respective
owners.

Type 'help;' or '\h' for help. Type '\c' to clear the current input statement.

mysql> create database hive_meta_db;
Query OK, 1 row affected (0.00 sec)

mysql> create user hroot identified by 'Hive#313';
Query OK, 0 rows affected (0.00 sec)

mysql> grant all privileges on hive_meta_db.* to 'hroot'@'%' identified by 'Hive#313';
Query OK, 0 rows affected, 1 warning (0.00 sec)

mysql> flush privileges;
Query OK, 0 rows affected (0.00 sec)

mysql>
```

图 3-21 创建 Hive 元数据的数据库和账户

```
    <!-- 配置 Java 连接 MySQL 的驱动器名 -->
    <property>
            <name>javax.jdo.option.ConnectionDriverName</name>
            <value>com.mysql.jdbc.Driver</value>
    </property>
    <!-- 配置 MySQL 数据库服务连接地址 -->
    <property>
            <name>javax.jdo.option.ConnectionURL</name>
            <value>jdbc:mysql://192.168.97.101:3306/hive_meta_db?createDatabaseIfNotExist
=true&amp;useUnicode=true&amp;characterEncoding=UTF-8&amp;useSSL=false</value>
    </property>
    <!-- 配置 MySQL 数据库用户名 -->
    <property>
            <name>javax.jdo.option.ConnectionUserName</name>
            <value>hroot</value>
    </property>
    <!-- 配置 MySQL 数据库用户密码 -->
    <property>
            <name>javax.jdo.option.ConnectionPassword</name>
            <value>Hive#313</value>
   </property>
</configuration>
```

（3）初始化 Hive 元数据

```
[root@bds001 ~]#schematool -dbType mysql -initSchema
```

初始化 Hive 元数据将在之前 MySQL 服务器中的 hive_meta_db 数据库创建若干存储 Hive 元数据的关系表，如图 3-22 所示。

```
+-------------------------------+
| table_name                    |
+-------------------------------+
| AUX_TABLE                     |
| BUCKETING_COLS                |
| CDS                           |
| COLUMNS_V2                    |
| COMPACTION_QUEUE              |
| COMPLETED_COMPACTIONS         |
| COMPLETED_TXN_COMPONENTS      |
| CTLGS                         |
| DATABASE_PARAMS               |
| DBS                           |
| DB_PRIVS                      |
| DELEGATION_TOKENS             |
| FUNCS                         |
| FUNC_RU                       |
| GLOBAL_PRIVS                  |
| HIVE_LOCKS                    |
| IDXS                          |
| INDEX_PARAMS                  |
| I_SCHEMA                      |
| KEY_CONSTRAINTS               |
| MASTER_KEYS                   |
| MATERIALIZATION_REBUILD_LOCKS |
| METASTORE_DB_PROPERTIES       |
| MIN_HISTORY_LEVEL             |
| MV_CREATION_METADATA          |
| MV_TABLES_USED                |
| NEXT_COMPACTION_QUEUE_ID      |
| NEXT_LOCK_ID                  |
| NEXT_TXN_ID                   |
| NEXT_WRITE_ID                 |
+-------------------------------+
80 rows in set (0.00 sec)

mysql>
```

图 3-22　Hive 元数据表

（4）多用户访问测试

从两个终端登录，同时使用 hive 都能正常访问，如图 3-23 所示。

```
hive> show databases;
OK
default
erp_db
Time taken: 0.211 seconds, Fetched: 2 row(s)
hive> select * from erp_db.employee;
OK
1608    Pauline 2001-09-16      game
2017    Ron     1998-07-12      ball
3105    Steward 1997-01-29      carace
Time taken: 1.497 seconds, Fetched: 3 row(s)
hive>
```

终端 1

```
hive> show databases;
OK
default
erp_db
Time taken: 0.049 seconds, Fetched: 2 row(s)
hive> use erp_db;
OK
Time taken: 0.046 seconds
hive>
```

终端 2

图 3-23　测试 Hive 多用户访问

3. 部署远程模式

Hive 远程模式分为服务端和客户端，服务端与本地模式相同，这里以配置好的 bds001 节点上的本地模式为服务端，然后把 bds002 配置成客户端。

（1）安装 Hive 客户端

```
[root@bds001 ~]#scp -r /usr/local/hive-3.1.3 root@bds002:/usr/local
```

（2）配置客户端

```
[root@bds002 ~]#vi /usr/local/hive-3.1.3/conf/hive-site.xml
<configuration>
    <!-- 配置 Hive 数据仓库目录  -->
    <property>
            <name>hive.metastore.warehouse.dir</name>
            <value>/user/hive/warehouse</value>
    </property>
    <!-- 使用远程模式  -->
    <property>
            <name>hive.metastore.local</name>
            <value>false</value>
    </property>
    <!-- 配置 Hive 服务端地址  -->
   <property>
            <name>hive.metastore.uris</name>
            <value>thrift://bds001:9083</value>
   </property>
</configuration>
```

（3）启动 Metastore Server

```
[root@bds001 ~]#hive --service metastore &
```

（4）测试

在节点 bds001 和 bds002 上同时执行 hive 操作，在 bds002 上执行的是远程操作。

```
[root@bds001 ~]#hive
[root@bds002 ~]#hive
```

二、使用 Hive 分析数据

Hive 使用 HQL 来分析处理数据，可以借用 SQL 数据库的操作经验来分析处理 Hive 数据。

1. 创建数据库

①创建数据库 erp_db。

```
hive>create database erp_db;
```

②使用数据库 erp_db。

```
hive>use erp_db;
```

③删除数据库 erp_db。

hive>drop database erp_db;

④查看 Hive 管理的数据库。

hive>show databases;

⑤查看当前使用的数据库。

hive>select current_ database();

2. 创建数据表

（1）创建内部表

①创建表。

```
hive>create table employee(    id int,
                               name string,
                               bday date,
                               hobby string);
```

②查看表结构，如图 3-24 所示。

hive>describe employee;

```
hive> describe  employee;
OK
id                      int
name                    string
bday                    date
hobby                   string
Time taken: 0.064 seconds, Fetched: 4 row(s)
hive> _
```

图 3-24　查看表结构

Hive 的数据表对应着 HDFS 系统中的目录，表名就是目录名，如果表中没有数据，该目录为空，而每次插入的数据将生成一个数据文件，如图 3-25 所示，这是执行了两次数据插入操作后的结果。

```
[root@bds001 ~]#
[root@bds001 ~]# hdfs dfs -ls /user/hive/warehouse
Found 1 items
drwxr-xr-x   - root supergroup          0 2022-06-16 09:20 /user/hive/warehouse/erp_db.db
[root@bds001 ~]#
[root@bds001 ~]# hdfs dfs -ls /user/hive/warehouse/erp_db.db
Found 1 items
drwxr-xr-x   - root supergroup          0 2022-06-16 09:32 /user/hive/warehouse/erp_db.db/employee
[root@bds001 ~]#
[root@bds001 ~]# hdfs dfs -ls /user/hive/warehouse/erp_db.db/employee
Found 2 items
-rw-r--r--   1 root supergroup         29 2022-06-16 09:29 /user/hive/warehouse/erp_db.db/employee/0
00000_0
-rw-r--r--   1 root supergroup         56 2022-06-16 09:32 /user/hive/warehouse/erp_db.db/employee/0
00000_0_copy_1
[root@bds001 ~]#
[root@bds001 ~]# hdfs dfs -cat /user/hive/warehouse/erp_db.db/employee/000000_0
1600Pauline2001-09-16game
[root@bds001 ~]#
[root@bds001 ~]# hdfs dfs -cat /user/hive/warehouse/erp_db.db/employee/000000_0_copy_1
2017Ron1998-07-12ball
9105Steward1997-01-29carace
[root@bds001 ~]#
```

图 3-25　Hive 的数据表与 HDFS 系统中目录的关系

（2）创建外部表

创建外部表时，使用 external 限定。外部表可以关联 HDFS 中已有的数据，也可以手工插入数据，删除外部表只是删除外部表的元数据而不会删除数据。

①在 HDFS 中指定的 /hvdata 目录下创建外部表，如图 3-26 所示。

```
hive>create  external  table  employee_cust(id int,name string)
  >row format delimited fields terminated by '\t'
  >location '/hvdata';
```

```
hive>
    > create external table employee_cust(id int,name string)
    > row format delimited fields terminated by '\t'
    > location '/hvdata';
OK
Time taken: 0.362 seconds
hive> show tables;
OK
employee
employee_cust
employee_out
Time taken: 0.219 seconds, Fetched: 3 row(s)
hive> _
```

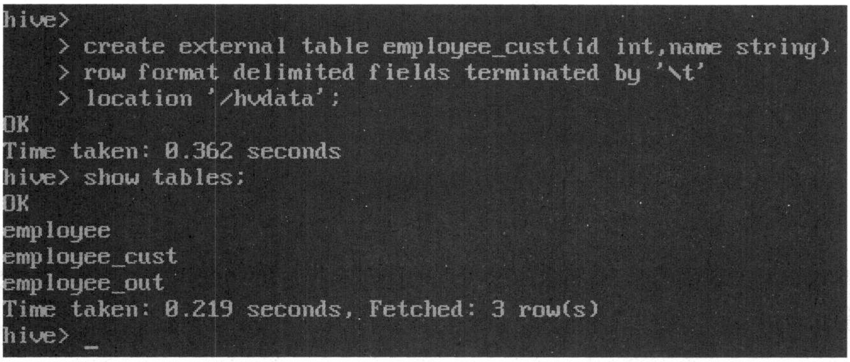

图 3-26　创建外部表

②把本地 /root/empinfo_out.txt 的数据加载到 employee_cust 数据表中，如图 3-27 所示。

```
hive>load data local inpath '/root/empinfo_out.txt' into table employee_cust;
```

```
hive> load data local inpath '/root/empinfo_out.txt' into table employee_cust;
Loading data to table erp_db.employee_cust
OK
Time taken: 1.242 seconds
hive> select * from employee_cust limit 20;
OK
3012    Ann
1905    Bob
9913    Kite
6310    Billy
5011    Sam
6327    Dave
3206    Ford
4297    Black
5073    Dupont
0230    Paul
2103    Britt
3618    Robert
4461    Alice
3765    Frank
2816    Tim
1329    Brown
3291    White
3028    Jackson
1106    Grey
2079    Taylor
Time taken: 1.276 seconds, Fetched: 20 row(s)
hive> _
```

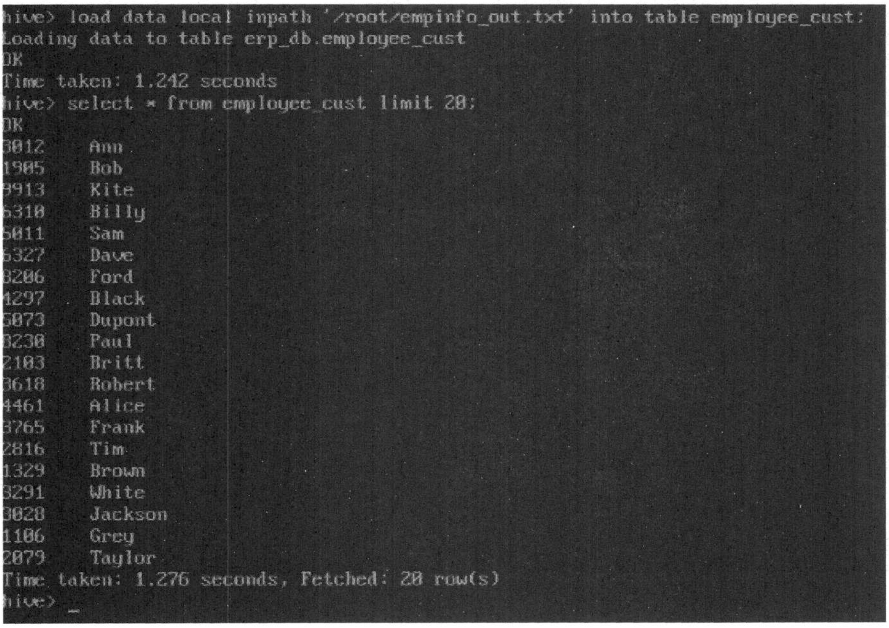

图 3-27　本地数据加载到 Hive 外部数据表

（3）创建分区表

分区表是按指定列的值把数据表分成若干子表，每个子表对应数据表目录下的子

目录。当执行条件查询时，只扫描相关的分区表，而不用全表扫描，可以提高查询速度，因此，分区类似于 SQL 数据表中的索引。作为分区的列使用 partitioned by 定义，不要在表的字段列表中定义。

按工资 wage 创建分区表。

```
hive>create  table  employee_part(id int,name string)
  >partitioned by (wage decimal(5,1))
  >row format delimited fields terminated by '\t';
```

把工资 3000.0 和 5000.0 的员工数据分别录入到 /root 目录下的数据文件 empinfo_3000.txt 和 empinfo_5000.txt 中，然后加载到分区表中，命令中的 partition(wage=3000.0) 用于指定分区条件。

```
hive>load data local inpath '/root/empinfo_3000.txt' into table employee_part
    >partition(wage=3000.0);
```

显示 employee_part 所有数据，如图 3-28 所示。

```
Time taken: 28.282 seconds, Fetched: 36 row(s)
hive> create table employee_part( id int ,name string)
    > partitioned by (wage decimal(5,1))
    > row format delimited fields terminated by '\t';
OK
Time taken: 0.17 seconds
hive> load data local inpath '/root/empinfo_3000.txt' into table employee_part
    > partition(wage=3000.0);
Loading data to table erp_db.employee_part partition (wage=3000)
OK
Time taken: 0.996 seconds
hive> select * from employee_part;
OK
2816    Tim     3000.0
1329    Brown   3000.0
3291    White   3000.0
3028    Jackson 3000.0
1106    Grey    3000.0
2879    Taylor  3000.0
3011    Richards        3000.0
1996    Jane    3000.0
7106    Smith   3000.0
4095    Jone    3000.0
2043    Dessie  3000.0
3037    Jean    3000.0
6021    Fred    3000.0
3613    George  3000.0
5016    Mary    3000.0
3907    John    3000.0
2813    Price   3000.0
6115    Bird    3000.0
4099    Hans    3000.0
5190    Dimitri 3000.0
3302    Sawyer  3000.0
NULL    NULL    3000.0
Time taken: 0.161 seconds, Fetched: 22 row(s)
hive> _
```

图 3-28　创建分区表并加载数据

分区表中的每个分区对应数据表目录下的子目录，子目录下保存的是分区对应的数据文件，如图 3-29 所示，子目录 wage-3000、wage-5000 对应分区表，其下的数据文件是从本地加载到 HDFS 系统中的。

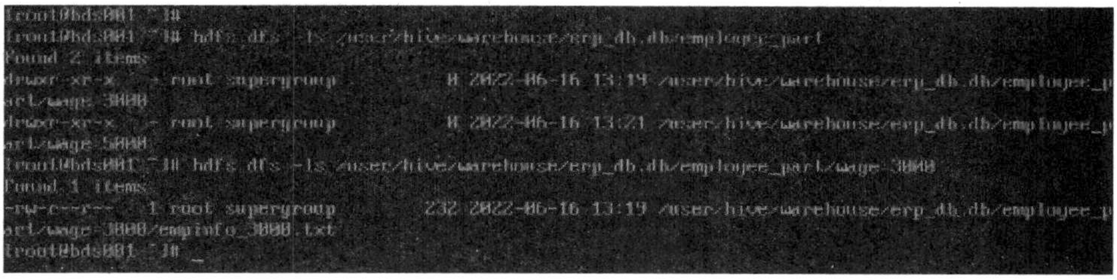

```
[root@bds001 ~]#
[root@bds001 ~]# hdfs dfs -ls /user/hive/warehouse/erp_db.db/employee_part
Found 2 items
drwxr-xr-x   - root supergroup          0 2022-06-16 13:19 /user/hive/warehouse/erp_db.db/employee_p
art/wage=3000
drwxr-xr-x   - root supergroup          0 2022-06-16 13:21 /user/hive/warehouse/erp_db.db/employee_p
art/wage=5000
[root@bds001 ~]# hdfs dfs -ls /user/hive/warehouse/erp_db.db/employee_part/wage=3000
Found 1 items
-rw-r--r--   1 root supergroup        232 2022-06-16 13:19 /user/hive/warehouse/erp_db.db/employee_p
art/wage=3000/empinfo_3000.txt
[root@bds001 ~]# _
```

图 3-29　分区表与 HDFS 目录的关系

（4）创建桶表

桶是比分区更小的划分，可进一步提升查询效率。既可以在表上直接创建桶，也可以在分区上创建桶。创建桶时要指定分桶的列和桶的数目。

①创建表。

```
hive>create  table  employee_buck(id int,name string)
  >clustered by (id)
  >into 3 buckets
  >row format delimited fields terminated by '\t';
```

②把数据表 employee_cust 的数据添加到 employee_buck。

```
hive>insert  into  table  employee_buck
    >select id,name from employee_cust;
```

③查看桶在 HDFS 中对应的文件，如图 3-30 所示，每个桶对应一个数据文件。

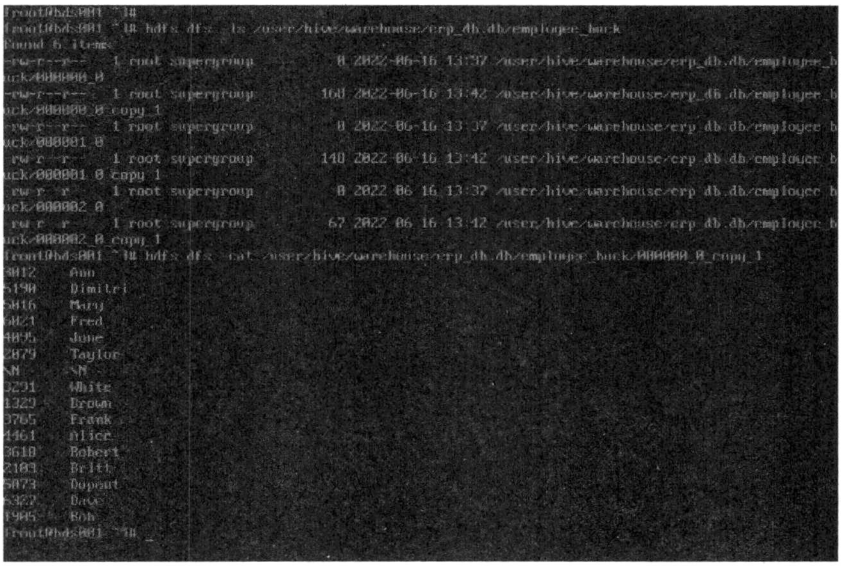

```
[root@bds001 ~]#
[root@bds001 ~]# hdfs dfs -ls /user/hive/warehouse/erp_db.db/employee_buck
Found 6 items
-rw-r--r--   1 root supergroup          0 2022-06-16 13:37 /user/hive/warehouse/erp_db.db/employee_b
uck/000000_0
-rw-r--r--   1 root supergroup        160 2022-06-16 13:42 /user/hive/warehouse/erp_db.db/employee_b
uck/000000_0_copy_1
-rw-r--r--   1 root supergroup          0 2022-06-16 13:37 /user/hive/warehouse/erp_db.db/employee_b
uck/000001_0
-rw-r--r--   1 root supergroup        140 2022-06-16 13:42 /user/hive/warehouse/erp_db.db/employee_b
uck/000001_0_copy_1
-rw-r--r--   1 root supergroup          0 2022-06-16 13:37 /user/hive/warehouse/erp_db.db/employee_b
uck/000002_0
-rw-r--r--   1 root supergroup         67 2022-06-16 13:42 /user/hive/warehouse/erp_db.db/employee_b
uck/000002_0_copy_1
[root@bds001 ~]# hdfs dfs -cat /user/hive/warehouse/erp_db.db/employee_buck/000000_0_copy_1
3012    Ann
5190    Dimitri
5016    Mary
6021    Fred
4095    June
2079    Taylor
\N      \N
5291    White
1329    Brown
3765    Frank
1461    Alice
3618    Robert
2103    Britt
5073    Dupont
6327    Dave
1905    Bob
[root@bds001 ~]# _
```

图 3-30　桶表与 HDFS 文件的对应关系

3. 插入数据

（1）向数据表 employee 插入一条数据

```
hive>insert  into  table  employee(id,name,bday,hobby)
```

```
    >          values(1608,'Pauline','2001-09-16','game');
```

（2）同时插入多条数据记录

```
hive>insert into table employee(id,name,bday,hobby)
    >          values(2017,'Ron','1998-07-12','ball')
    >          values(9105,'Steward','1997-01-29','carace');
```

4. 查询数据

查询 employee 的所有数据，如图 3-31 所示。

```
hive>select * from employee;
```

```
hive> select * from employee;
OK
1608    Pauline 2001-09-16      game
2017    Ron     1998-07-12      ball
9105    Steward 1997-01-29      carace
Time taken: 0.134 seconds, Fetched: 3 row(s)
hive> _
```

图 3-31　查询 Hive 数据

Hive 的 HQL 语言的功能与标准 SQL 相似，在数据查询上同样可以支持 where、order by、group by、having、union 等子句以及多表的 join 操作。Hive 还可以与 HBase 整合，让 Hive 表与 HBase 的数据表绑定，从而可以使用 HQL 方便、高效地分析和处理 HBase 中的大规模数据。

岗证须知

要获得大数据平台运维技能证书，要求从业人员能了解 Hive 的基本知识，能独立配置 Hive 基础环境，安装、配置及测试 Hive 组件。

要获得大数据平台管理与开发技能证书，要求从业人员能启动、停止 Hive 组件和查看 Hive 组件的运行状态，能完成数据库、数据表的创建、查看、删除等操作，能独立完成数据的写入、更新、删除和查询操作。

检　查

一、填空题

1. Hive 是 Hadoop 大数据生态圈中的一个________。
2. Hive 使用________语言来分析和处理数据。
3. Hive 提供了________、________、________、________4 种用户操作接口。

4. 用户提交的 HQL 命令由________转换成________任务，然后在 YARN 上运行。

5. 在处理金融数据时，宜选择________数据类型来表示交易数据。

6. 存储生日数据要使用________类型，保存头像则使用________类型。

7.Hive 复合数据类型有________、________、________、________4 种。

8.Hive 提供丰富的运算符表达数据处理,还提供大量的________提高数据处理效率。

9. Hive 有________、________、________、________和________5 种数据表。

10. 分区表和桶表的作用是____________________。

11. Hive 表的数据实际存储在________系统的数据文件中，常用的数据文件格式有________、________、________。Hive 表的数据源还可以来自________。

12. Hive 的部署模式有________、________和________。

13. Hive 默认的数据仓库目录是________。

14. 内嵌模式 Hive 的元数据存储在________数据库，其他模式则存储在________数据库中。

二、判断题

1. varchar(128) 实际所占存储空间小于 char(128)。 (　　)

2. Hive 让人可以借用使用 SQL 数据库的经验来分析和处理大数据。 (　　)

3. Hive 元数据不适合存储到 HDFS 中。 (　　)

4. 在 Hive 中 100L 大于 100S。 (　　)

5. timestamp 类型的数据只能表示时间。 (　　)

6. Hive 默认创建的表是内部表。 (　　)

7. 在 Hive 中可以为同一数据集定义多个数据表。 (　　)

8. 推荐在 Hive 中使用外部表 (　　)

9. 删除数据表时，将删除表关联的数据。 (　　)

10. 数据库、表、分区都对应 HDFS 中的目录。 (　　)

三、简答题

1. 画图描述 Hive 的架构。

2. 内部表和外部表有什么区别?

3. 简述 Hive 本地模式部署流程。

4. 写出完成下列要求的 HQL 命令。

（1）创建数据库 bookmgr。

（2）在 HDFS 的 /hive/books 目录下创建数据 booksinf 外部数据表，有书号（ISBN）、书名（bkname）、主编（editor_in_chief）、出版社（press）、出版日期（issue_date）、类别（type）、内容摘要（digest）、定价（price）。

（3）把存储在本地 /home/books 目录中的图书信息文件 booksinfo.txt 中的数据加载

到 booksinf 表中。

（4）从表 booksinf 查询定价超过 60 元的书名、出版社与定价并按价格排序。

（5）创建一个按图书类别分区的数据表 booksinf_part，表的字段与（2）题中相同。

（6）把 booksinf 中的数据按类别（理科、工科、社科、文学等）分区存入到 booksinf_part 表中。

评 价

根据学习情况自查，在对应的知识点认知分级栏中打“√”。

序号	评价内容	识记	理解	应用	分析	评价	创造	问题
1	Hive 的体系架构							
2	Hive 的用户接口及特性							
3	Hive 的数据类型							
4	Hive 的系统函数							
5	Hive 的数据模型							
6	Hive 的数据文件格式							
7	Hive 的 3 种部署模式及特点							
8	Hive 的部署方法与步骤							
9	Hive 的数据管理操作							
教师诊断评语：								

任务三　使用 Sqoop 迁移数据

资 讯

--- 任务描述：

景泰木业在大数据应用中遇到一个问题：原来存储在 RDBMS 数据库中的数据越来越大，在对其进行统计、分析的时候，系统响应越来越慢，已经影响到日常管理和业务的正常开展。他们希望能利用分布式计算的强大算力来提高数据分析处理的效率。这需要把原 RDBMS 数据库中的数据导入到 Hadoop 中，才能借助分布式计算的优势提升数学处理效率。另一方面，通过 Hive 对大数据进行统计分析后，所得的结果数据集不大了，如果能够把它们迁移到 RDBMS 数据库中，则可充分使用 RDBMS 数据库的优势直接进入企业管理信息系统，为管理和业务开展服务。数据迁移工具 Sqoop 能在 Hadoop 和传统 RDBMS 数据库（如 MySQL、Oracle 等）之间传输数据，亿思科技公司的大数据开发工程师大伟将培训企业的大数据管理员使用 Sqoop 在 Hadoop 和原来的关系数据库之间迁移数据。主要工作内容有：

①认识 Sqoop 的基本架构和工作流程；

②安装与配置 Sqoop；

③使用 Sqoop 实现数据迁移。

--- 知识准备：

一、Sqoop 的基本架构

Sqoop 是一个用于 Hadoop 平台和 SQL 数据库之间迁移数据的工具。当 SQL 数据库中的数据量达到一定规模后，为避免 SQL 数据库性能瓶颈对数据分析效率的影响，可以把数据从 SQL 数据库迁移到 Hadoop，经过分析处理后存入 Hive 表中的数据，又通过 Sqoop 导出到 SQL 数据库以便使用。Sqoop 的架构如图 3-32 所示。

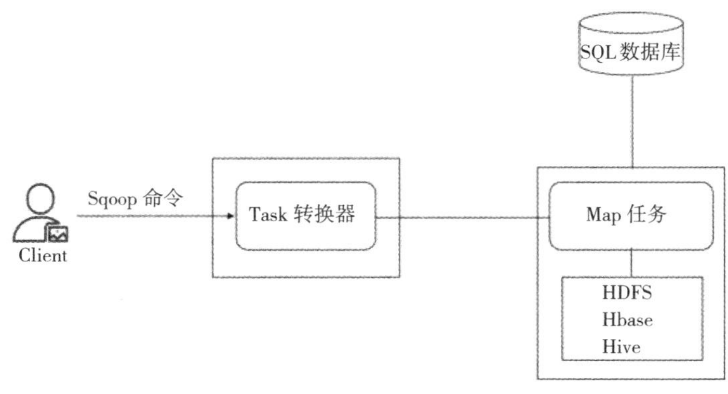

图 3-32　Sqoop 的基本架构

客户使用 Sqoop 的工具发出的命令经 Task 转换器翻译成相应的 MapReduce 程序，通过在 YARN 上执行 MapReduce 任务实现在 SQL 数据库与 Hadoop 系统之间迁移数据，以满足企业对数据应用的各类需求。

二、Sqoop 的数据迁移工具

Sqoop 的主要作用是在 SQL 数据库与 HDFS 系统之间迁移数据，数据导入 import 和数据导出 export 都要连接到 SQL 数据库，它们共同的连接参数见表 3-10。

表 3-10　数据迁移命令连接常用参数

参数	说明
--connect <jdbc-uri>	JDBC 的连接字符串
--driver <class-name>	JDBC 的驱动器类
--username <username>	SQL 数据库用户名
-P	从控制台输入 SQL 数据库用户密码
--hadoop-mapred-home<dir>	指定 MapReduce 主目录
--connection-manager<class-name>	指定要使用的连接管理器类

1. 数据导入工具

数据导入是指从 SQL 数据表中把数据迁移到 HDFS 系统的操作，导入操作转换成多个 Map 任务并行执行，每个 Map 任务分别按行读取 SQL 数据表的部分数据并存储到一个 HDFS 数据文件。一个 SQL 数据表对应多个 HDFS 数据文件。

执行 sqoop import --help 能获得导入工具的帮助信息，见表 3-11。

[root@bds001 ~]#sqoop import --help

表 3-11　导入命令 import 的常用参数

参数	说明
--as-textfile	将数据导入到文本文件（默认）
--as-avrodatafile	将数据导入到 Avro 数据文件
--as-sequencefile	将数据导入到 sequence 文件
--append	将数据追加到已存在的数据文件
--columns <c1,c2,c3,…>	指定从表中导入的列 c1,c2,c3,…
--query <statement>	导入数据时使用的 SQL 查询语句
--table<table-name>	指定导入数据的源表名
--where<condition>	指定导入时的查询条件

2. 数据导出工具

数据导出是指将数据从 HDFS 系统迁移到 SQL 数据表的过程。导出操作可以并行读取 HDFS 的数据文件，将数据合并成一条记录插入到 SQL 数据表。

执行 sqoop export --help 能获得导出工具的帮助信息，见表 3-12。

[root@bds001 ~]#sqoop export --help

表 3-12　导出命令 export 的常用参数

参数	功能
--export-dir<dir>	指定要导出的 HDFS 源路径
--table <table-name>	指定导出的表名
--columns <c1,c2,c3,…>	指定导出到表的列
--num-mappers <n>	指定 n 个 Map 任务并行执行导出
--update-key <col-name>	指定更新表数据时参考的列，如有多列逗号分隔
--update-mode <mode>	当有不匹配行时，指定更新方式默认 updateonly（仅更新）和 allowinsert（允许插入）

详细内容请参考官方在线文档。

实践真知

参考 Sqoop 官方在线文档，制作一份 Sqoop 工具的使用说明书。

计划&决策

景泰木业的需求是要能在 Hadoop 和原 RDBMS 之间传输数据，Sqoop 是实现这一需求的恰当工具，Sqoop 提供的多种工具能满足用户的各种数据传输需求。为此，需要为景泰木业的大数据管理员提供 Sqoop 安装和使用培训，亿思科技公司的大数据开发工程师大伟制订了如下的培训计划。

①介绍 Sqoop 的基本架构和数据迁移流程；

②指导安装配置 Sqoop；

③指导使用 Sqoop 实施数据迁移。

实　施

一、安装 Sqoop 数据迁移工具

从 Sqoop 官方网站下载 Sqoop 的安装包，安装包文件名类似 sqoop-1.4.7.bin__

hadoop-2.6.0.tar.gz，然后复制到 /usr/local/src 目录中。

1. 安装 Sqoop

```
[root@bds001 ~]#cd /usr/local/src
[root@bds001 src]#tar -zxf sqoop-1.4.7.bin__hadoop-2.6.0.tar.gz -C ../
[root@bds001 src]#cd ..
[root@bds001 local]#mv sqoop-1.4.7.bin__hadoop-2.6.0 sqoop-1.4.7
```

Sqoop 的安装目录最后修改为 /usr/local/sqoop-1.4.7，如图 3-33 所示。

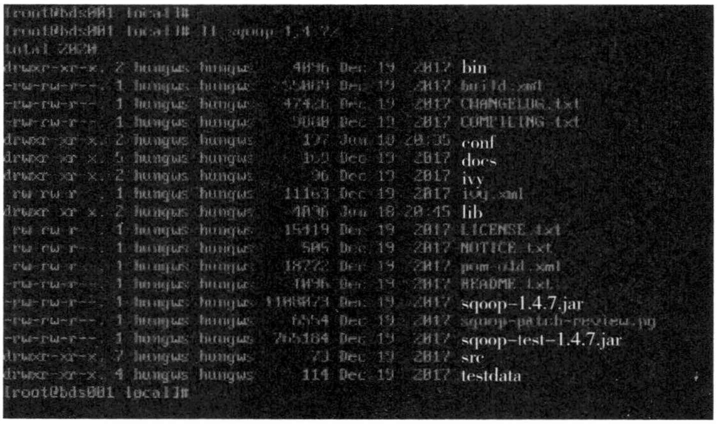

图 3-33 安装 Sqoop

2. 配置 Sqoop

（1）修改 /root/.bash_profile

在 /root/.bash_profile 文件中添加 Sqoop 的环境变量和搜索路径。

```
[root@bds001 ~]#vi .bash_profile
export SQOOP_HOME=/usr/local/sqoop-1.4.7
export PATH=$PATH:S$QOOP_HOME/bin
```

（2）修改配置文件 sqoop-env.sh

Sqoop 没有 sqoop-env.sh 文件，但提供了 sqoop-env-template.sh 模板，可以复制成 sqoop-env.sh 文件后，再进行修改，添加与 Hadoop 关联的环境变量。

```
[root@bds001 ~]#cd /usr/local/sqoop-1.4.7/conf
[root@bds001 conf]#cp sqoop-env-template.sh sqoop-env.sh
[root@bds001 conf]#vi  sqoop-env.sh
export HADOOP_COMMON_HOME=/usr/local/hadoop-3.3.1
export HADOOP_MAPRED_HOME=/usr/local/hadoop-3.3.1
```

（3）测试 Sqoop 与 MySQL 的连接

Sqoop 提供了多种工具用于在 HDFS 和 SQL 数据库之间迁移数据，常用工具见表 3-13。

表 3-13 Sqoop 常用工具

工具	功能
export	从 HDFS 导出数据到 SQL 数据表
import	导入 SQL 数据表数据到 HDFS
import-all-tables	导入所有 SQL 数据表数据到 HDFS
list-databases	列出 SQL 服务器中的数据库
list-tables	列出 SQL 数据库的数据表
eval	执行 SQL 语句
version	显示 Sqoop 的版本号

执行 sqoop help 可获得 Sqoop 工具的简要帮助，如图 3-34 所示。

[root@bds001 ~]#sqoop help

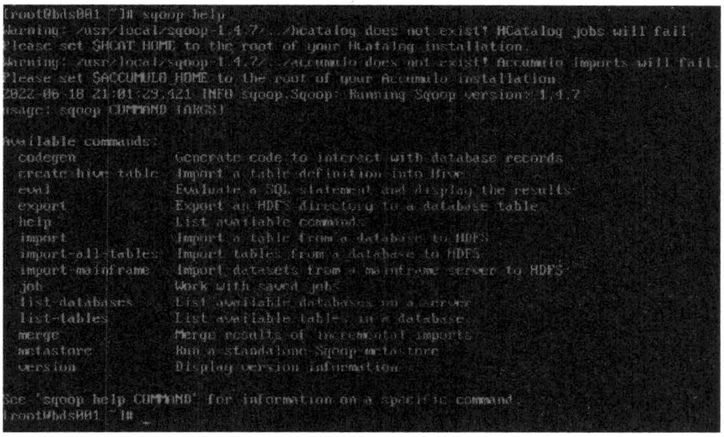

```
[root@bds001 ~]# sqoop help
Warning: /usr/local/sqoop-1.4.7/../hcatalog does not exist! HCatalog jobs will fail.
Please set $HCAT_HOME to the root of your HCatalog installation.
Warning: /usr/local/sqoop-1.4.7/../accumulo does not exist! Accumulo imports will fail.
Please set $ACCUMULO_HOME to the root of your Accumulo installation.
2022-06-18 21:01:29,421 INFO sqoop.Sqoop: Running Sqoop version: 1.4.7
usage: sqoop COMMAND [ARGS]

Available commands:
  codegen            Generate code to interact with database records
  create-hive-table  Import a table definition into Hive
  eval               Evaluate a SQL statement and display the results
  export             Export an HDFS directory to a database table
  help               List available commands
  import             Import a table from a database to HDFS
  import-all-tables  Import tables from a database to HDFS
  import-mainframe   Import datasets from a mainframe server to HDFS
  job                Work with saved jobs
  list-databases     List available databases on a server
  list-tables        List available tables in a database
  merge              Merge results of incremental imports
  metastore          Run a standalone Sqoop metastore
  version            Display version information

See 'sqoop help COMMAND' for information on a specific command.
[root@bds001 ~]# _
```

图 3-34 获得 Sqoop 帮助

通过连接到 MySQL 服务器，并显示其中的数据库列表来验证 Sqoop 的工作，如图 3-35 所示。

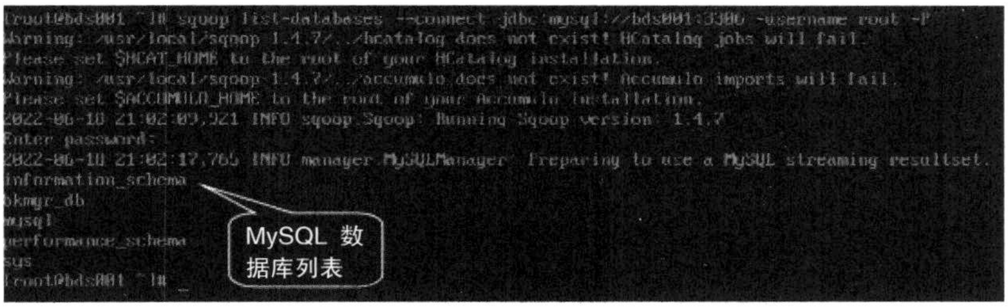

```
[root@bds001 ~]# sqoop list-databases --connect jdbc:mysql://bds001:3306 -username root -P
Warning: /usr/local/sqoop-1.4.7/../hcatalog does not exist! HCatalog jobs will fail.
Please set $HCAT_HOME to the root of your HCatalog installation.
Warning: /usr/local/sqoop-1.4.7/../accumulo does not exist! Accumulo imports will fail.
Please set $ACCUMULO_HOME to the root of your Accumulo installation.
2022-06-18 21:02:09,921 INFO sqoop.Sqoop: Running Sqoop version: 1.4.7
Enter password:
2022-06-18 21:02:17,765 INFO manager.MySQLManager: Preparing to use a MySQL streaming resultset.
information_schema
bkmgr_db
mysql
performance_schema
sys
[root@bds001 ~]# _
```

MySQL 数据库列表

图 3-35 Sqoop 连接到 MySQL 服务器

```
[root@bds001 ~]#sqoop list-databases --connetc jdbc:mysql:/bds001:3306 \
> --username root -P
```

二、导入数据

在 MySQL 服务器中有数据 bkmgr_db，其下有数据表 bk_base_info，其结构如图 3-36 所示。

```
mysql>
mysql> desc bk_base_info;
```

Field	Type	Null	Key	Default	Extra
ISBN	char(13)	NO	PRI	NULL	
bkname	varchar(128)	YES		NULL	
editor_in_chief	varchar(50)	YES		NULL	
issue_date	date	YES		NULL	
type	char(8)	YES		NULL	
digest	varchar(600)	YES		NULL	
price	decimal(4,1)	YES		NULL	

```
7 rows in set (0.35 sec)

mysql>
```

图 3-36　数据表 bk_base_info 的结构

在数据表 bk_base_info 中插入如图 3-37 所示的数据。

```
mysql> select * from bk_base_info;
```

ISBN	bkname	editor_in_chief	issue_date	type	digest	price
9787213080784	How to learn	Carey	2022-03-15	SK	It is about learning	59.9
9787302534121	ocean	Tim	1999-09-16	wx	it is about..	32.5
9787560013466	New Eng	Alexander	2017-09-21	TS	It is about English	29.9

图 3-37　数据表 bk_base_info 的数据

把数据表 bk_base_info 中的数据导入到 HDFS 的 /sqoop/data 目录中，Sqoop 导入命令被转换成基于 Map 的任务在 YARN 上运行，命令执行有大量的信息输出，最后一屏输出信息如图 3-38 所示，显示检索处理了 3 条记录，即导入了 bk_base_info 数据表中的所有记录。

```
[root@bds001 ~]#sqoop import \
> "-Dorg.apache.sqoop.splitter.allow_text_splitter=true" \
> --connetc jdbc:mysql:/bds001:3306 \
> --username root -P \
> --table bk_base_info \
> --target-dir /sqoop/data
```

当 SQL 数据表的主键字段不是自增 id 而是字符类型时，需要设置参数 -Dorg.apache.sqoop.splitter.allow_text_splitter=true。

```
		HDFS: Number of bytes read=843
		HDFS: Number of bytes written=201
		HDFS: Number of read operations=36
		HDFS: Number of large read operations=0
		HDFS: Number of write operations=12
		HDFS: Number of bytes read erasure-coded=0
	Job Counters
		Killed map tasks=1
		Launched map tasks=6
		Other local map tasks=6
		Total time spent by all maps in occupied slots (ms)=92815
		Total time spent by all reduces in occupied slots (ms)=0
		Total time spent by all map tasks (ms)=92815
		Total vcore-milliseconds taken by all map tasks=92815
		Total megabyte-milliseconds taken by all map tasks=95042560
	Map-Reduce Framework
		Map input records=3
		Map output records=3
		Input split bytes=843
		Spilled Records=0
		Failed Shuffles=0
		Merged Map outputs=0
		GC time elapsed (ms)=1075
		CPU time spent (ms)=4820
		Physical memory (bytes) snapshot=1001999360
		Virtual memory (bytes) snapshot=16733515776
		Total committed heap usage (bytes)=734527488
		Peak Map Physical memory (bytes)=189485056
		Peak Map Virtual memory (bytes)=2789715968
	File Input Format Counters
		Bytes Read=0
	File Output Format Counters
		Bytes Written=201
2022-06-20 15:44:01,823 INFO mapreduce.ImportJobBase: Transferred 201 bytes in 41.879 seconds (4.7995 bytes/sec)
2022-06-20 15:44:01,827 INFO mapreduce.ImportJobBase: Retrieved 3 records.
[root@bds001 ~]#
```

图 3-38 从 MySQL 数据表向 HDFS 导入数据

在 HDFS 系统中 /sqoop/data 目录可以查看到生成的数据文件，默认数据表中的每条记录对应一个数据文件，如图 3-39 所示。

```
[root@bds001 ~]#
[root@bds001 ~]# hdfs dfs -ls /sqoop/data
Found 7 items
-rw-r--r--   1 root supergroup          0 2022-06-20 15:43 /sqoop/data/_SUCCESS
-rw-r--r--   1 root supergroup          0 2022-06-20 15:43 /sqoop/data/part-m-00000
-rw-r--r--   1 root supergroup         73 2022-06-20 15:43 /sqoop/data/part-m-00001
-rw-r--r--   1 root supergroup         57 2022-06-20 15:43 /sqoop/data/part-m-00002
-rw-r--r--   1 root supergroup          0 2022-06-20 15:43 /sqoop/data/part-m-00003
-rw-r--r--   1 root supergroup          0 2022-06-20 15:43 /sqoop/data/part-m-00004
-rw-r--r--   1 root supergroup         71 2022-06-20 15:43 /sqoop/data/part-m-00005
[root@bds001 ~]#
[root@bds001 ~]# hdfs dfs -cat /sqoop/data/part-m-00001
9787213080784,How to learn,Carey,2022-03-15,SK,It is about learning,59.9
[root@bds001 ~]# hdfs dfs -cat /sqoop/data/part-m-00002
9787302534121,ocean,Tim,1999-09-16,wx,it is about..,32.5
[root@bds001 ~]# hdfs dfs -cat /sqoop/data/part-m-00005
9787560013466,New Eng,Alexander,2017-09-21,TS,It is about English,29.9
[root@bds001 ~]#
```

图 3-39 数据导入 HDFS 中生成的数据文件

三、导出数据

在 MySQL 服务器上新建一个空数据表 bk_info，其与 bk_base_info 有相同的结构，如图 3-40 所示。

把 HDFS 系统中 /sqoop/data 目录下的数据文件 part-m-00001 导出到 MySQL 服务器上的数据库 bkmgr_db 的 bk_info 数据表中。

```
[root@bds001 ~]#sqoop export \
> --connetc jdbc:mysql:/bds001:3306 \
```

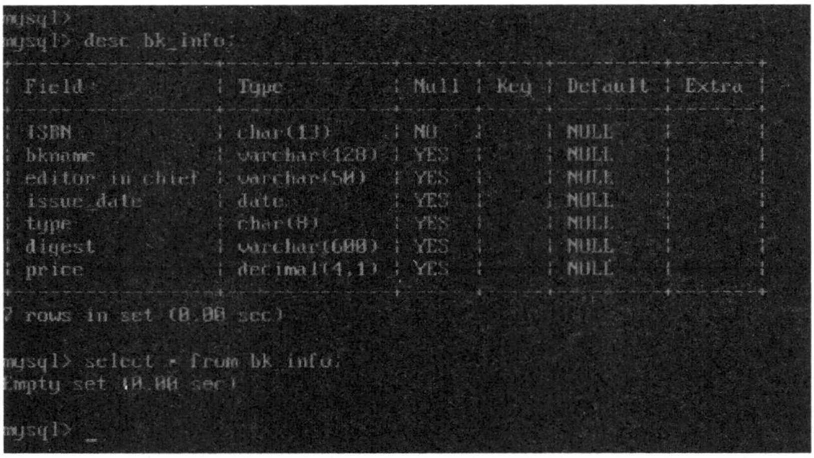

```
mysql>
mysql> desc bk_info;
+-----------------+---------------+------+-----+---------+-------+
| Field           | Type          | Null | Key | Default | Extra |
+-----------------+---------------+------+-----+---------+-------+
| ISBN            | char(13)      | NO   |     | NULL    |       |
| bkname          | varchar(128)  | YES  |     | NULL    |       |
| editor_in_chief | varchar(50)   | YES  |     | NULL    |       |
| issue_date      | date          | YES  |     | NULL    |       |
| type            | char(8)       | YES  |     | NULL    |       |
| digest          | varchar(600)  | YES  |     | NULL    |       |
| price           | decimal(4,1)  | YES  |     | NULL    |       |
+-----------------+---------------+------+-----+---------+-------+
7 rows in set (0.00 sec)

mysql> select * from bk_info;
Empty set (0.00 sec)

mysql> _
```

图 3-40　数据表 bk_info 的结构

```
> --username root -P \
> --table bk_info \
> --export-dir /sqoop/data/part-m-00001
```

数据导出任务成功执行后，最后的输出信息显示导出了一条记录，如图 3-41 所示。

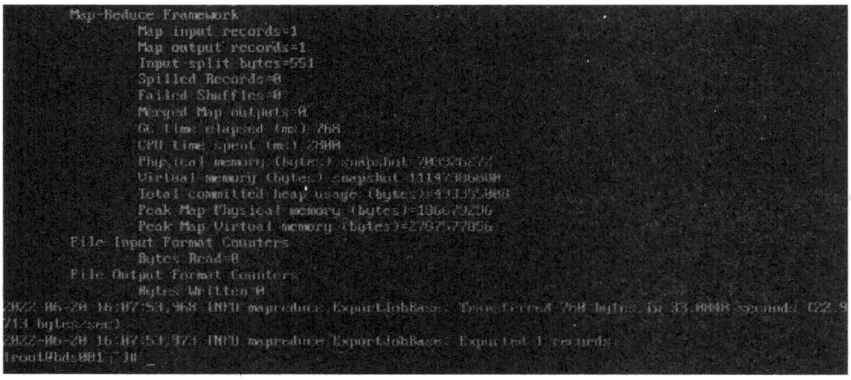

```
	Map-Reduce Framework
		Map input records=1
		Map output records=1
		Input split bytes=551
		Spilled Records=0
		Failed Shuffles=0
		Merged Map outputs=0
		GC time elapsed (ms)=[illegible]
		CPU time spent (ms)=[illegible]
		Physical memory (bytes) snapshot=[illegible]
		Virtual memory (bytes) snapshot=[illegible]
		Total committed heap usage (bytes)=[illegible]
		Peak Map Physical memory (bytes)=[illegible]
		Peak Map Virtual memory (bytes)=[illegible]
	File Input Format Counters
		Bytes Read=0
	File Output Format Counters
		Bytes Written=0
2022-06-20 16:07:53,968 INFO mapreduce.ExportJobBase: Transferred [illegible] bytes in [illegible] seconds ([illegible] bytes/sec)
2022-06-20 16:07:53,971 INFO mapreduce.ExportJobBase: Exported 1 records.
[root@bds001 ~]# _
```

图 3-41　数据导出

在 MySQL 中查询 bkmgr_db 的数据表 bk_info，可以看到数据已导出到 MySQL 数据表，如图 3-42 所示。

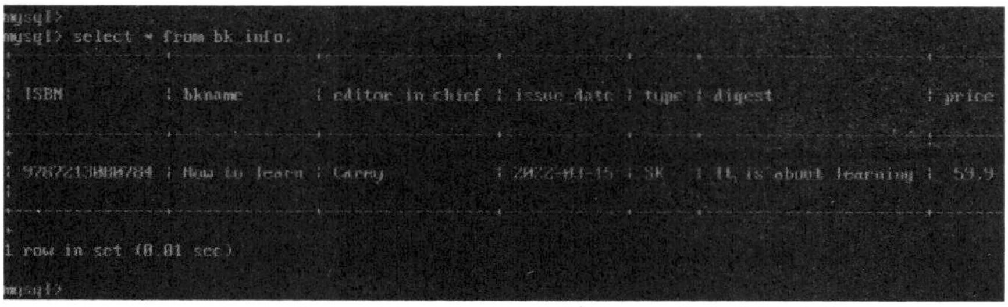

```
mysql>
mysql> select * from bk_info;
+---------------+--------------+-----------------+------------+------+-------------------------+-------+
| ISBN          | bkname       | editor_in_chief | issue_date | type | digest                  | price |
+---------------+--------------+-----------------+------------+------+-------------------------+-------+
| 9787213000784 | How to learn | Carry           | 2022-03-15 | SK   | It is about learning    |  53.9 |
+---------------+--------------+-----------------+------------+------+-------------------------+-------+
1 row in set (0.01 sec)

mysql>
```

图 3-42　导出到 MySQL 数据表 bk_info 中的数据

Sqoop 在执行数据迁移时，将转换成 Map 任务来执行数据的导入和导出操作，如图 3-43 所示。

Sqoop import 导入时map任务执行情况

```
2022-06-20 16:46:26,320 INFO mapreduce.Job: The url to track the job: http://hds001:8088/proxy/application_1655700436708_0007/
2022-06-20 16:46:26,322 INFO mapreduce.Job: Running job: job_1655700436708_0007
2022-06-20 16:46:35,109 INFO mapreduce.Job: Job job_1655700436708_0007 running in uber mode : false
2022-06-20 16:46:35,110 INFO mapreduce.Job:  map 0% reduce 0%
2022-06-20 16:46:51,342 INFO mapreduce.Job:  map 100% reduce 0%
```

Sqoop export 导出时map任务执行情况

图 3-43　数据迁移实际执行的是 Map 任务

岗 证 须 知

要获得大数据平台运维技能证书，要求从业人员能独立配置 Sqoop 基础环境，安装、配置及测试 Sqoope 组件。

要获得大数据平台管理与开发技能证书，要求从业人员熟悉 Sqoop 工具的使用规范，能独立使用 Sqoop 工具查看 SQL 数据库和数据表，完成全量数据的导入与导出操作。

检　查

一、填空题

1. Sqoop 的主要功能是实现__________与__________之间的数据迁移。
2. Sqoop 为数据迁移提供了数据导入工具__________和数据导出工具__________。
3. Sqoop 连接到 MySQL 数据库 classdb 的连接参数及连接串是__________。
4. Sqoop 使用__________参数来指定操作的数据表，__________参数决定了导入数据时，数据文件存储的 HDFS 目录。
5. 在导出数据时用__________指定要导出的数据文件。
6. Sqoop 的数据导入 / 导出操作将转换成__________来执行数据的迁移。

二、判断题

1. Sqoop 在连接 SQL 数据库时，使用参数 -P 提供密码的方式比 --password 安全。(　　)

2. Sqoop 在导入数据时，可以使用查询命令来指定导入的数据。 （ ）

3. Sqoop 从 SQL 数据表导入的数据存储到 HDFS 的一个数据文件中。 （ ）

4. Sqoop 在导入数据前必须先创建保存数据文件的 HDFS 目录。 （ ）

5. Sqoop 的数据迁移操作将转换成 MapRedue 任务。 （ ）

三、简答题

1. 画图描述 Sqoop 的基本架构。

2. 写出执行下列操作的命令。

（1）使用 Sqoop 列出 172.32.100.211 上 MySQL 服务器的数据库列表。

（2）把 MySQL 服务器中数据 tstdb 的数据表 source 中的 type、url、capas 字段的数据导入到 HDFS 的 /bkdat 目录。

（3）把 HDFS 的 /bkdat 目录中的数据文件 part-m-00003 导出到 MySQL 服务器数据 tstdb 的数据表 pub_url 中。

评　价

根据学习情况自查，在对应的知识点认知分级栏中打“√”。

序号	评价内容	识记	理解	应用	分析	评价	创造	问题
1	Sqoop 的功能与基本架构							
2	Sqoop 导入 / 导出的常用参数及作用							
3	安装、配置、测试 Sqoop							
4	从 MySQL 导入数据到 HDFS							
5	从 HDFS 导出数据到 MySQL							
教师诊断评语：								

项目四 大数据商业应用

大数据技术广泛应用于互联网、商业、生物医学、城市管理等领域，各行业利用大数据的优势，充分挖掘数据为自己服务。随着数据量的变化及对数据时效要求的不同，处理数据的技术也发生着日新月异的变化。数据可视化能从大量数据中快速提取需要的信息，发现数据变化的趋势，深受用户喜爱。但是，在大数据时代，数据安全尤为重要，企业也采取各种措施及技术保护数据的安全。为增加景泰木材加工厂使用大数据解决商业问题的信心，亿思科技公司派出数据应用工程师大军，向企业领导介绍数据采集、数据处理、数据分析、数据安全等方面的技术。

在本项目中，他将提供以下技术资讯：

- ◆ 处理大数据的方法及相关技术
- ◆ 大数据可视化分析的作用及工具
- ◆ 大数据安全的防范措施及技术
- ◆ 大数据的应用案例分析

任务一　选择大数据处理方法

微　课

大数据处理流程与方式

资　讯

--- 任务描述：

在大数据信息时代，数据处理的时效性对公司的营销策略具有非常重要的作用。对于数据时效性要求不高的数据，可以在固定时段对数据进行集中批量处理。但是像“双十一”这样的黄金销售时段，企业需要掌握实时销售数据以便及时调整营销策略，这就需要对数据进行实时处理，需要使用在线处理工具来完成。为了让景泰木材加工厂的相关领导了解数据处理的方法，数据应用工程师大军到公司进行数据分析及处理的讲解，大军向企业提供以下关于大数据处理方式的相关信息：

①大数据处理的流程；

②大数据处理的方式；

③离线数据处理与在线数据处理的优缺点分析。

--- 知识准备：

一、大数据处理的流程

大数据处理流程主要包括数据采集、数据清洗、数据存储、数据分析、数据可视化。

•数据采集：收集需要处理的数据，一是从网络上采集数据，二是从本地采集数据，采集到的数据多为非结构化的数据。

•数据清洗：清洗脏数据，包含检查数据的一致性、处理无效值和缺失值，常用方法是丢弃部分数据、补全缺失数据、真值转换数据。

•数据存储：将数据存储到数据仓库中，以便后期进行数据分析时使用。

•数据分析：使用分类、回归、聚类等数据分析方法对数据进行分析。

•数据可视化：展现数据处理后的结果，可以使用表格、图表（常用）来展现数据。

二、大数据处理方式

根据处理数据的时效要求，数据处理方式分为离线数据处理和在线数据处理。

1. 离线数据处理

离线数据处理是最初的数据处理方式，是基于硬盘的数据存储处理，即先将数据存储在数据仓库中，然后在固定的时间对数据进行集中批量处理。对数据时效性要求不高时，选择离线数据处理，如企业分析前几年的销售数据时就可以采用离线数据处理方式。常见的离线处理软件有 Hadoop、MapReduce、Spark core、Flink Dataset。离线数据处理框架如图 4-1 所示。

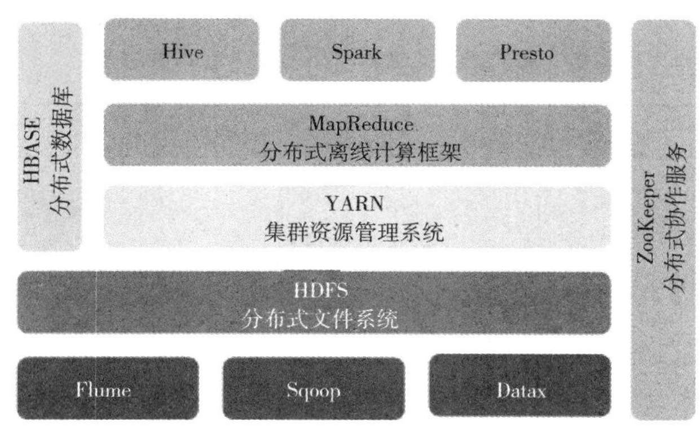

图 4-1 离线数据处理框架

2. 在线数据处理

在线数据处理即实时数据处理，是基于内存的流式处理。在线数据处理是对产生的实时数据进行处理，要求数据处理组件在实时处理方面的能力非常强。实时数据处理主要用在时效性要求非常高的行业，如证券数据处理、电商数据处理、银行数据处理、预警监控类数据处理等。常见的在线处理软件有 Storm、Spark Stream、Flink Datastream。在线数据处理流程如图 4-2 所示。

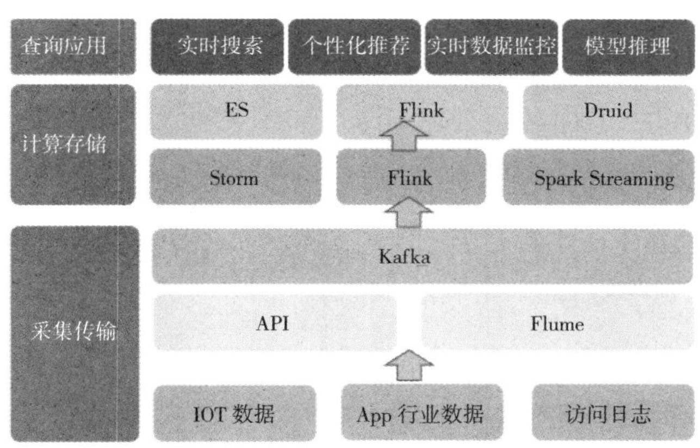

图 4-2 在线数据处理流程

三、离线数据处理与在线数据处理的优缺点

离线数据处理，只能看到 T-1 天之前的数据，其优缺点及应用场景见表 4-1。

表 4-1 离线数据处理的优缺点和应用场景

优点	缺点	应用场景
数据准确性高 吞吐量大 计算资源成本较低	数据时效性较差 计算周期较长	离线数据仓库建设 历史数据处理 财务数据处理 用户留存处理 …

在线数据处理，要求延迟短，数据产生后，能实时看到数据处理结果，其优缺点及应用场景见表 4-2。

表 4-2　在线数据处理的优缺点和应用场景

优点	特点	应用场景
数据时效性强 数据处理速度快	数据准确性较差 计算资源消耗大	时效性要求高的行业 实时个性化推荐 实时监控 实时场景营销 …

计划&决策

亿思科技公司分析了近三年景泰木材加工厂各产品的积压数据及销售数据，为了分析产品积压的原因，亿思科技公司需要分析企业采购、仓储、销售等环节的销售数据，还需要分析客户的信息。不仅需要处理历年的销售数据，还需要处理实时数据（时效性高）。为了帮助景泰木材加工厂领导更好地选择处理数据的方式，大军需要让企业人员了解各种数据处理工具及其特点，大军制订了以下培训计划。

①介绍几款常用的大数据离线处理软件；

②介绍几款常用的大数据在线处理工具；

③介绍大数据处理流程，以及如何选择在线数据处理与离线数据处理。

实　施

一、大数据离线处理工具

大数据离线处理工具非常多，这里主要介绍 MapReduce、Spark core、Flink Dataset。

1. MapReduce

MapReduce 是由 Google 公司研究提出的一种面向大规模数据处理的并行计算模型和方法。Google 公司设计 MapReduce 的初衷主要是为了解决其搜索引擎中大规模网页数据的并行化处理。它主要包含“Map（映射）”和“Reduce（归约）”两个过程。

（1）MapReduce 的主要功能

①数据划分和计算任务调度。

系统自动将一个作业（Job）待处理的大数据划分为很多个数据块，每个数据块对应一个计算任务（Task），并自动调度计算节点来处理相应的数据块。作业和任务调度功能主要负责分配和调度计算节点（Map节点或Reduce节点），同时负责监控这些节点的执行状态，并负责Map节点执行的同步控制。

②数据/代码互定位。

为了减少数据通信，采用本地化的数据处理方式，即一个计算节点尽可能处理其本地磁盘上所分布存储的数据，这实现了代码向数据的迁移。当无法进行本地化数据处理时，再寻找其他可用节点并将数据从网络上传送给该节点（数据向代码迁移），但将尽可能从数据所在的本地机器上寻找可用节点以减少通信延迟。

③系统优化。

为了减少数据通信开销，中间结果数据进入Reduce节点前会进行一定的合并处理。一个Reduce节点所处理的数据可能会来自多个Map节点，为了避免Reduce计算阶段发生数据错误，Map节点输出的中间结果需使用一定的策略进行适当的划分处理，保证相关性数据发送到同一个Reduce节点。此外，系统还进行一些计算性能优化处理，如对最慢的计算任务采用多备份执行，选最快完成者作为结果。

④出错检测和恢复。

在以低端商用服务器构成的大规模MapReduce计算集群中，节点硬件（主机、磁盘、内存等）出错和软件出错是常态，因此MapReduce需要能检测并隔离出错节点，并调度分配新的节点接管出错节点的计算任务。同时，系统还将维护数据存储的可靠性，用多备份冗余存储机制提高数据存储的可靠性，并能及时检测和恢复出错的数据。

（2）MapReduce的技术特征

①可扩展。

在集群规模上，要求算法的计算性能应能随着节点数的增加保持接近线性程度的增长，MapReduce能实现数据扩展和系统规划扩展。

②具备容错机制。

MapReduce集群中使用大量的低端服务器，因此，节点硬件失效和软件出错是常态。MapReduce并行计算软件框架使用了多种有效的错误检测和恢复机制，如节点自动重启技术，使集群和计算框架具有对付节点失效的健壮性，能有效处理失效节点的检测和恢复。任何一个节点失效时，其他节点要能够无缝接管失效节点的计算任务；当失效节点恢复后应能自动无缝加入集群，而不需要管理员人工进行系统配置。

③数据迁移。

MapReduce采用了数据/代码互定位的技术方法，计算节点将首先尽量负责计算其本地存储的数据，以发挥数据本地化特点，仅当节点无法处理本地数据时，再采用就近原则寻找其他可用计算节点，并把数据传送到该可用计算节点。

④顺序处理数据。

大规模数据处理时通常是将数据放在外存中进行处理。由于磁盘的顺序访问要远比随机访问快得多，因此MapReduce主要设计为面向顺序式大规模数据的磁盘访问处理。MapReduce利用集群中的大量数据存储节点同时访问数据，以此利用分布集群中大量节点上的磁盘集合提供高带宽的数据访问和传输，实现面向大数据集批处理的高吞吐量的并行处理。

⑤隐藏系统层细节。

MapReduce 提供了一种抽象机制将程序员与系统层细节隔离开来，程序员仅需描述需要计算什么，而具体怎么计算就交由系统的执行框架处理。

2. Spark Core

Spark 是一种基于内存的快速、通用、可扩展的大数据分析计算引擎，Spark Core 是 Spark 的核心与基础，实现了 Spark 的基本功能，包含任务调度、内存管理、错误恢复与存储系统交互等模块，如图 4-3 所示。Spark Core 主要有 SparkContext、存储体系、计算引擎、部署模式 4 个功能板块。

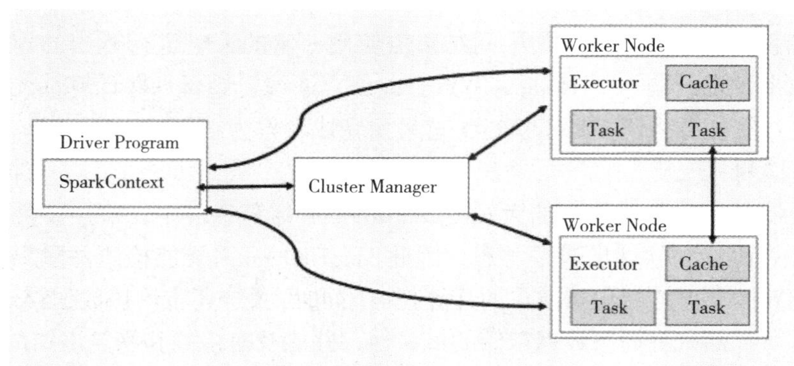

图 4-3　Spark 的架构组成图

（1）Spark Core 的主要功能

① SparkContext。

每一个 Spark 应用都是 SparkContext 实例，一个 SparkContext 就是一个 Spark Application 生命周期。可以用 SparkContext 创建 RDD（弹性的分布式数据集合：只读、分区的数据集合）、累加器、广播变量，同时可以通过它访问 Spark 的服务、运行任务。SparkContext 在 Spark 中起控制作用，完成任务调度、提交、监控、RDD 管理等关键活动。

②存储体系。

Spark 优先考虑使用各节点的内存作为存储，当内存不足时才会考虑使用磁盘，这极大地减少了磁盘读写速度，提升了任务执行的效率，使得 Spark 适用于实时计算、流式计算等场景。此外，Spark 还提供了以内存为中心的高容错的分布式文件系统 Tachyon 供用户进行选择。Tachyon 能够为 Spark 提供可靠的内存级的文件共享服务。

③计算引擎。

计算引擎由 SparkContext 中的 DAGScheduler（调度器）、RDD 以及具体节点上的 Executor 负责执行的 Map 和 Reduce 任务组成。DAGScheduler 和 RDD 虽然位于 SparkContext 内部，但是在任务正式提交与执行之前会将 Job 中的 RDD 组织成有向无环图（DAG），并对 Stage 进行划分，决定了任务执行阶段任务的数量、迭代计算、

shuffle 等过程。

④部署模式。

由于单节点不足以提供足够的存储和计算能力，因此作为大数据处理的 Spark 在 SparkContext 的 TaskScheduler 组件中提供了对 Standalone 部署模式的实现和 Yarn、Mesos 等分布式资源管理系统的支持。通过使用 Standalone、Yarn、Mesos 等部署模式为 Task 分配计算资源，提高任务的并发执行效率。

（2）MapReduce 与 Spark 比较

MapReduce 与 Spark 都能对离线数据进行处理，其差异见表 4-3。

表 4-3 MapReduce 与 Spark 的差异

内容	MapReduce	Spark
数据存储结构	使用磁盘 hdfs 文件系统的 split 存储数据	使用内存构建弹性分布式数据集 RDD，对数据进行运营和 Cache（高速缓存）
编程范式	Map+Reduce	Transformation+action
计算中间数据的速度	计算中间数据时读写及序列化、反序列化代价大	计算中间数据在内存中维护，存取速度是磁盘的多个数量级
任务维护方式	以进程的方式维护任务，任务启动就需数秒	以线程的方式维护任务，对小数据集的读取能达到亚秒级的延迟

3. Flink Dataset

Apache Flink 是由 Apache 软件基金会开发的开源批流一体处理框架。Flink 能在所有常见集群环境中运行，并能以内存速度和任意规模进行计算。Flink 是进行批流一体化、精密的状态管理、事件时间支持以及精确一次的状态一致性保障等的框架模板，即可以进行批处理和流处理。Flink 的主要功能如图 4-4 所示。

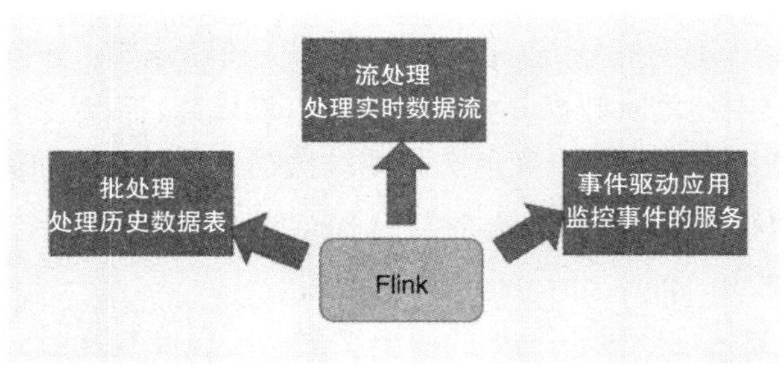

图 4-4 Flink 的主要功能

DataSet 程序是 Flink 的批处理工具，是实现数据集转换的常规程序（如 Filter、映射、连接、分组）。DataSet 数据集表示来自一个或多个数据源数据的本地副本，是数据的集合，也可以看作一个虚拟的表，即离线数据处理。

二、大数据在线处理工具

1. 实时数据处理框架 Storm

Storm 是一个实时数据处理框架，具有低延迟、高可用、易扩展、数据不丢失等特点，同时，Storm 还提供类似于 MapReduce 的简单编程模型，便于开发。

（1）Storm 集群结构

如图 4-5 所示，一个典型的 Storm 集群包含一个主控节点 Nimbus，负责资源分配和任务调度；还有若干个子节点 Supervisor，负责接受 Nimbus 分配的任务，启动和停止属于自己管理的 Worker 进程；Nimbus 和 Supervisor 之间的所有协调工作都是通过 Zookeeper 集群完成。

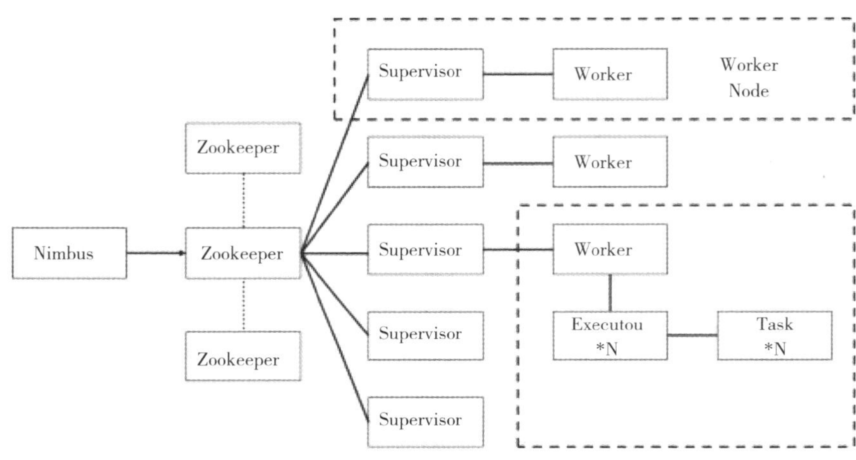

图 4-5　Nimbus 集群框架

（2）Storm 的应用场景

Storm 有许多应用，如实时分析、在线机器学习、连续计算、分布式 RPC、ETL 等。例如，淘宝生意参谋中的实时数据分析工具，对市场行情、商品数据、用户画像等数据进行实时分析。游戏实时运营、实时分析系统监控等都是对实时数据进行分析，处理这类数据都可以使用 Storm 框架。

2. 实时流数据处理 Spark Streaming

Spark Streaming 是 Spark 核心 API 的一个扩展，可以实现高吞吐量的、具备容错机制的实时流数据处理。Spark Streaming 支持从多种数据源获取数据，可以从 Kafka、Flume、Twitter、ZeroMQ、Kinesis 以及 TCP Sockets 获取数据。从数据源获取数据之后，可以使用诸如 map、reduce、join 和 window 等高级函数进行复杂算法的处理，最后还可以将处理结果存储到文件系统、数据库和现场仪表盘中。Spark Streaming 框架如图 4-6 所示。

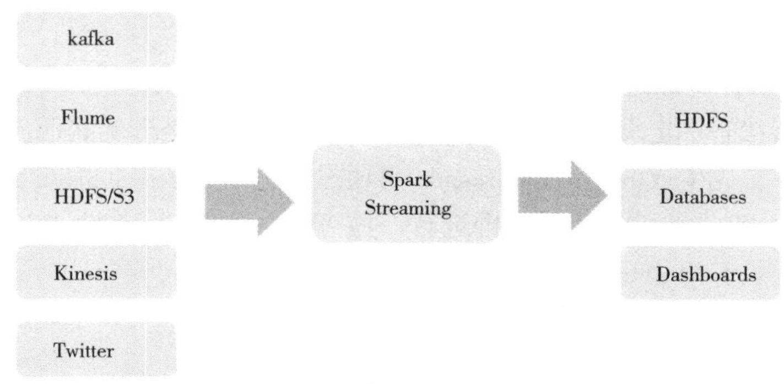

图 4-6 Spark Streaming 框架图

（1）Spark Streaming 的执行流程

Spark Streaming 接收实时输入数据流并将数据分批，然后由 Spark 引擎处理，以批量生成最终结果流，如图 4-7 所示。

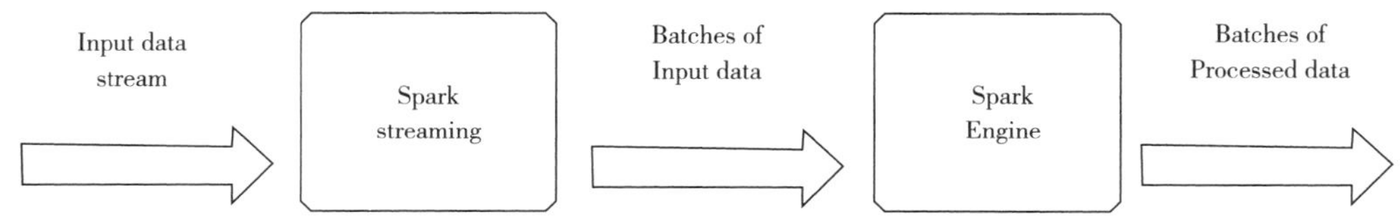

图 4-7 Spark Streaming 执行流程

（2）Spark Streaming 的主要功能

Spark Streaming 把实时输入数据流以时间片 Δt（如 1 秒）为单位切分成块。Spark Streaming 会把每块数据作为一个 RDD，并使用 RDD 操作处理每一小块数据。每个块都会生成一个 Spark Job 处理，最终结果也返回多块，如图 4-8 所示。

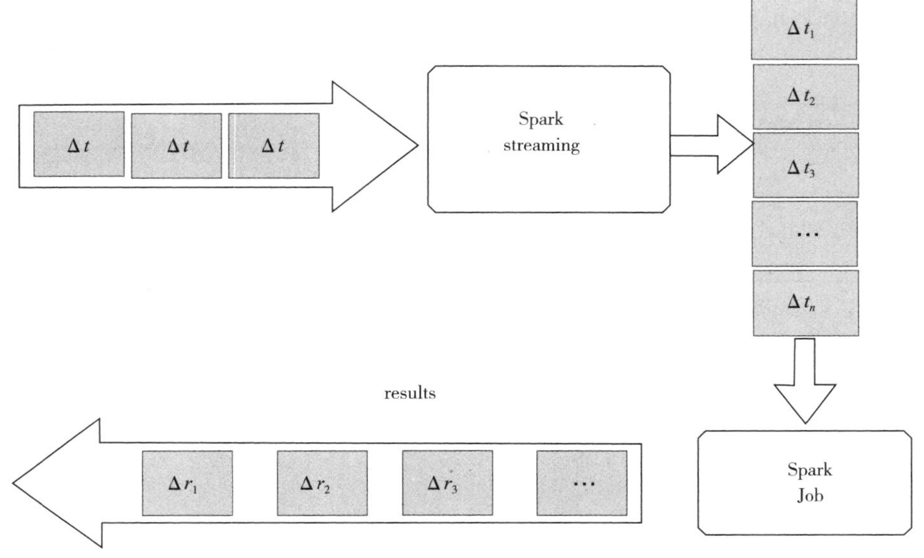

图 4-8 Spark Streaming 的操作示意图

3. Flink DataStream

Flink 中的 DataStream 程序是实现数据流转换的常规程序，即在线数据处理，能实现如过滤、更新状态、定义窗口、聚合等操作。DataStream 是产生其他流的一个基础，当读进数据时，首先生成的是 DataStream，再通过其他的算子产生别的 Stream，如通过 KeyBy 产生 KeyedStream，之后可以再进行一些 Window 操作，产生 WindowedStream。但是比较常用的是 KeyedStream，如图 4-9 所示。

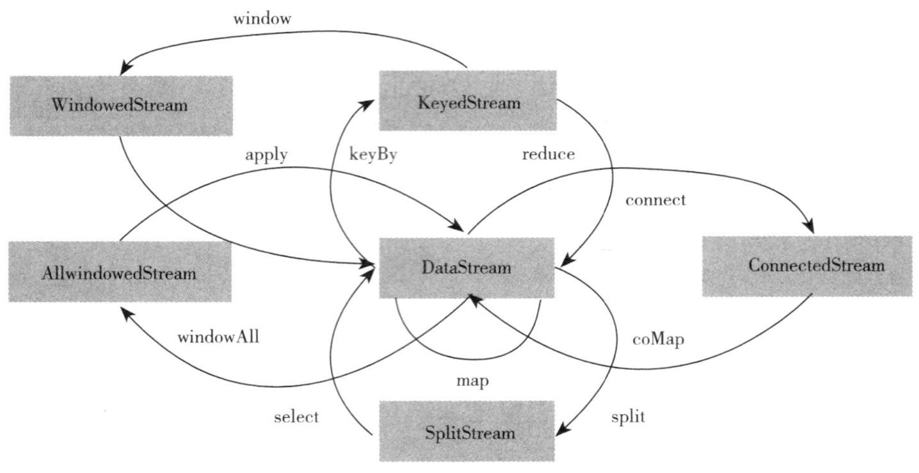

图 4-9　DataStream 的基本转换

实践真知

大数据处理工具众多，除以上介绍的几种离线数据处理工具和在线处理工具外，还有其他数据处理工具。请分别查询 2 ~3 个离线、在线处理工具，简要说明其功能，并写出应用举例，将内容填写在表 4-4 中。

表 4-4　数据处理工具

序号	数据处理方式（离线 / 在线）	工具名称	功能	应用举例
1				
2				
3				

检　查

一、填空题

1. 大数据处理流程包含数据采集、数据清洗、________、________、________。

2. 大数据处理方式有两种，对处理时效要求较高时，需要选择____________。

3. 离线数据处理是最初的数据处理方式，是基于__________的数据存储处理，即先将数据存储在数据仓库中。

4. MapReduce 是__________的数据处理工具。

5. Flink 是批流一体的处理框架，进行离线数据处理时，选择 Flink 的________框架处理数据；进行在线数据处理时，选择 Flink 的________框架处理数据。

二、判断题

1. 在进行天气预测时，可以采用离线数据处理方式对数据进行处理。 (　　)

2. 离线数据处理具有数据准确性高、吞吐量大、计算资源成本较高的特点。(　　)

3. MapReduce 是离线数据处理的工具软件。 (　　)

4. Storm 是一个离线数据处理框架，具有低延迟、高可用、易扩展、数据不丢失等特点。 (　　)

5. 外卖平台的实时订单可以使用 Storm 对数据进行处理。 (　　)

评 价

根据学习情况自查，在对应的知识点认知分级栏中打"√"。

序号	评价内容	识记	理解	应用	分析	评价	创造	问题
1	大数据处理的流程							
2	大数据处理的两种方式及其优缺点							
3	大数据离线处理工具及其特点							
4	大数据在线处理工具及其特点							
教师诊断评语：								

任务二　数据可视化分析

资 讯

--- 任务描述：

在数据分析的过程中，对数据进行可视化分析既可以直观地展现数据的变化趋势，还可以快速发现数据的异常。数据应用工程师大军为了更直观地向景泰木材加工厂展示公司近几年的销售数据、客户数据等信息，需要先向公司相关人员介绍数据可视化分析的知识。

①大数据可视化分析的概念及作用；

②大数据可视化的发展历程；

③大数据可视化分析的流程。

--- 知识准备：

一、大数据可视化分析的概念及作用

1. 大数据可视化分析的概念

大数据可视化分析是一种分析方法，是抽取大量数据中的数据元素，形成可视化的分析图表，传递相关的数据信息，主要应用于海量数据关联分析，辅助人工操作进行数据的变化、联系或者趋势关联分析。

2. 数据可视化分析的作用

数据可视化分析旨在利用数据可视化技术和数据分析技术，能使数据展示更直观、交互性更强、传递速度更快、信息展示维度更多，并辅助决策者快速做决策。

二、大数据可视化的发展历程

1. 17 世纪前：早期地图与图表

总体数据量较少的阶段，几何学通常被视为可视化的起源。随后，人们开始绘制地图，然后使用观测及测量绘图，此时图形中已包含了坐标轴、网络图系统、平行坐标和时间序列，此时的数据可视化处理萌芽阶段。

2. 1700—1799 年：新的图形形式

此时，经济学中出现了类似当今柱状图的线图表述方式，Wiliam Playfair 在 1765 年创造了第一个时间线图，他发明的条形图以及其他一些我们至今仍常用的图形，包括饼图、时序图等。可以说这是数据可视化发展史上一次新的尝试，用新的形式表达了

尽可能多且直观的数据，也预示着现代化的信息图形时代的到来。

3. 1800—1849 年：现代信息图形设计的开端

受 18 世纪视觉表达方法创新的影响，统计图形和专题绘图出现了爆炸式的发展，数据的收集整理从科学技术、经济领域扩展到社会领域，人们开始有意识地使用可视化方式解决问题。

4. 1850—1899 年：数据制图的黄金时期

这一时期，不同数据图形开始出现在书籍、报刊、研究成果和政府工作报告等正式场合中，数据来源的官方化，以及对数据价值的认同，成为可视化快速发展的决定性因素。所有可视化元素在这一时期均出现，且出现了三维的数据表达方式。

5. 1900—1949 年：现代休眠期

这一时期，数据可视化在各个领域得到普遍应用，但是展现数据的方式没有出现根本上的创新。

6. 1950—1974 年：复苏期

因为计算机的出现让人类处理数据的能力得到了跨越式的提升，在现代统计学及计算机计算能力的共同推动下，数据可视化开始复苏。在 20 世纪后期，采用了茎叶图、盒形图等新的可视化图形形式。数据和计算机的结合让数据可视化迎来了新的发展，出现了数据缩减图、多维标度法 MDS、聚类图、树形图等数据可视化形式。

7. 1975—2011 年：动态交互式数据可视化

随着应用领域的增加和数据规模的扩大，人们尝试使用多维定量数据的静态图来表现静态数据，并试图实现动态可交互的数据可视化。

8. 2012 年至今：实时交互式数据可视化

在 2003 年全世界创造了 5EB 的数据量时，人们就逐渐开始对大数据的处理进行重点关注。发展到 2011 年，全球每天的新增数据量就已经开始以指数倍猛增，用户对于数据的使用效率也在不断提升，大规模的动态化数据要依靠更有效的处理算法和表达形式才能够传达出有价值的信息，因此，这一时期的数据可视化目标是用实时、可交互式的大数据可视化方案来表达大规模、不同类型的实时数据。

三、大数据可视化分析的流程

数据可视化分析是使用数据可视化分析工具，将筛选后的数据，通过交互的方式使用图表显示出来，实现对图表的滚动和缩放、颜色的控制、数据细节层次控制等操作。

计划&决策

目前，数据可视化分析工具众多，有的工具操作方法简单，可以很快上手；有的工具则需要有一定的编程基础的专业人员操作，其分析速度快，对于数据的变化，只需要再运行一次程序即可。为了让景泰木材加工厂的领导了解不同数据可视化分析工具的特点，大军决定向企业领导介绍常用的可视化分析工具，简要展示可视化分析的操作方法，最后使用 Excel 可视化分析景泰木材加工厂的数据。

①介绍常用的大数据可视化分析工具；

②对比分析数据可视化工具的优势；

③使用 Excel 可视化分析数据。

实 施

一、大数据可视化的常用工具

随着技术的发展，有很多工具都可以对数据进行可视化分析，常用的工具有 Excel、Tableau、ECharts、Matplotlib、Ggplot2、Highcharts、魔镜、图表秀等，这里仅介绍前几个可视化分析工具。

1. Excel

Excel 是微软公司开发的数据处理软件，能使用图表对工作表中的数据进行可视化分析。例如，将各地区的销售数据用饼图显示出来（见图 4-10），可以观察到各区域的销售量，华东地区的销量是 375.4，华南地区的销量仅为 28.1，同时也看到单个省中山东的销量最高，是 161。图表可以使数据更加有趣、吸引人、易于阅读和评价。

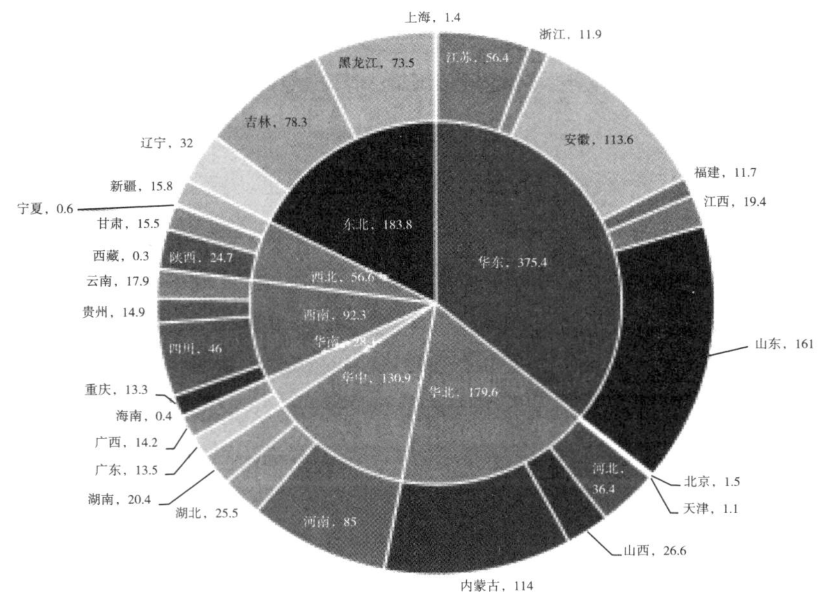

图 4-10　Excel 的组合图

Excel 可视化的图表类型较丰富，包含点、线、面、体 4 种类型的图表，如柱形图、折线形、散点图、雷达图、直方图等近 20 种图形，如图 4-11 所示。在组合图中，可以将几种图表组合在一起对数据进行可视化分析。

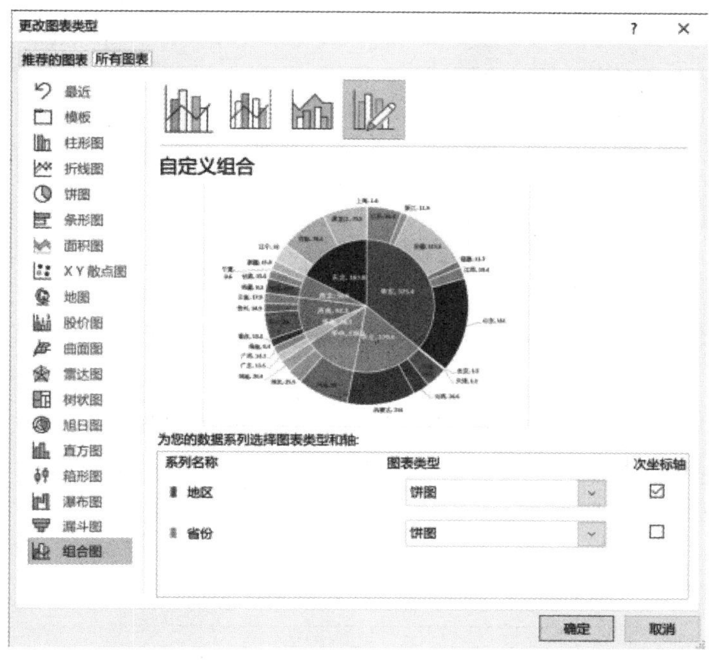

图 4-11 Excel 图表窗口

每个图表都具有一些图表元素，包含图表标题、数据标签、数据表、图例、线条、趋势线、涨 / 跌柱线等元素，不同的图表类型其图表元素不同。图 4-12 所示为饼图的图表元素，图 4-13 所示为柱形图的图表元素。用户可以根据需要设置图表元素，让图表看起来更美观，也更能精准分析数据。

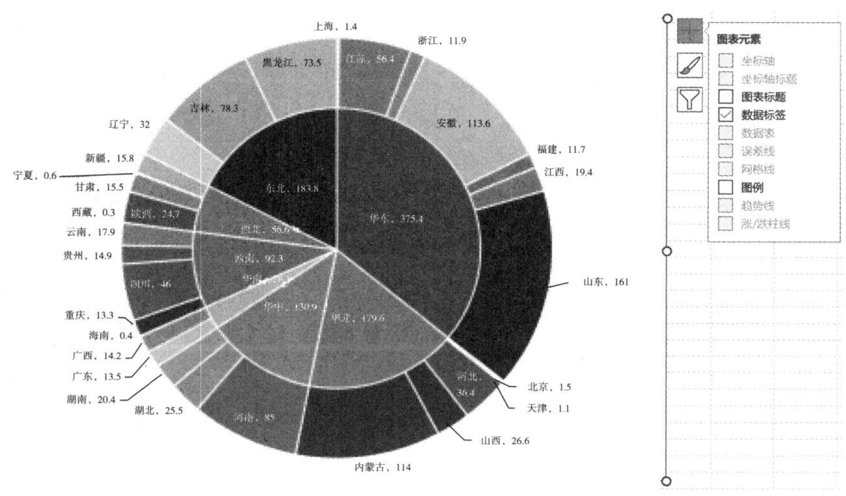

图 4-12 图表的元素设置界面

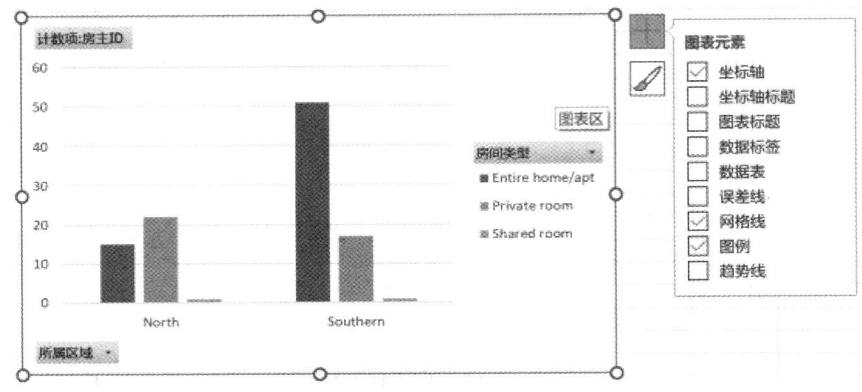

图 4-13 图表的元素设置界面

实践真知

WPS 表格是北京金山办公软件股份有限公司开发的数据处理软件，WPS 表格支持 PC 端、移动端等多种设备的数据处理，满足企业、个人的日常办公需求。请查一查，此软件的图表包含哪些类型（写出 5 个），举例说明一种图表类型的元素具体有哪些?

图表的类型：______________________________

图表的元素：______________________________

2. Tableau

Tableau 是一款桌面系统中的商业智能工具软件，Tableau 不强迫用户编写自定义代码，新的控制台也可完全自定义配置。Tableau 将数据运算与美观的图表完美嫁接在一起，使用非常简单，不需要使用者精通复杂的编程和统计原理，只需要通过数据的导入，将大量数据拖放到数字“画布”上，通过一些简单的设置就可以得到自己想要的数据可视化图形，即可实现对数据的可视化分析。

Tableau 已经开发了多个版本的可视化分析工具，使用者可根据项目的实际需要选择不同的工具对数据进行可视化分析。图 4-14 所示为 Tableau 的产品信息。

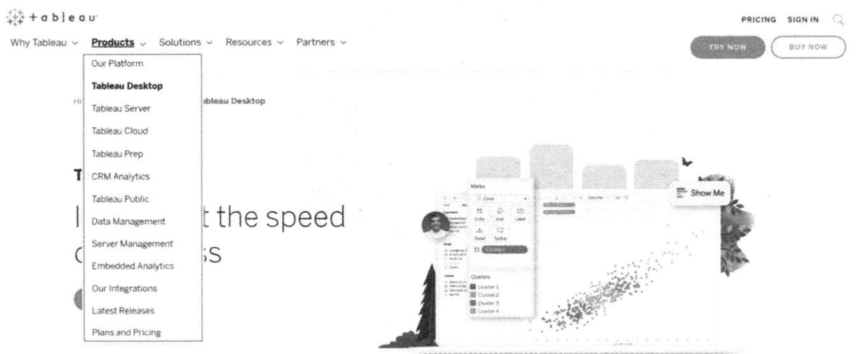

图 4-14 Tableau 的产品信息

（1）Tableau 可视化分析操作方法

在使用 Tableau 进行可视化分析时，首先将数据（Data）中的维度（Dimensions）拖放到行（Rows）、列（Columns）中，拖放到行中的 Dimensions 就显示到横坐标上，拖放到列中的 Dimensions 就以纵坐标的形式显示；然后再选择度量（Measures），将其拖放到画布上；再选择 Marks，设置颜色、尺寸、文本信息等；最后再设置其他信息即可。其部分操作如图 4-15 所示。

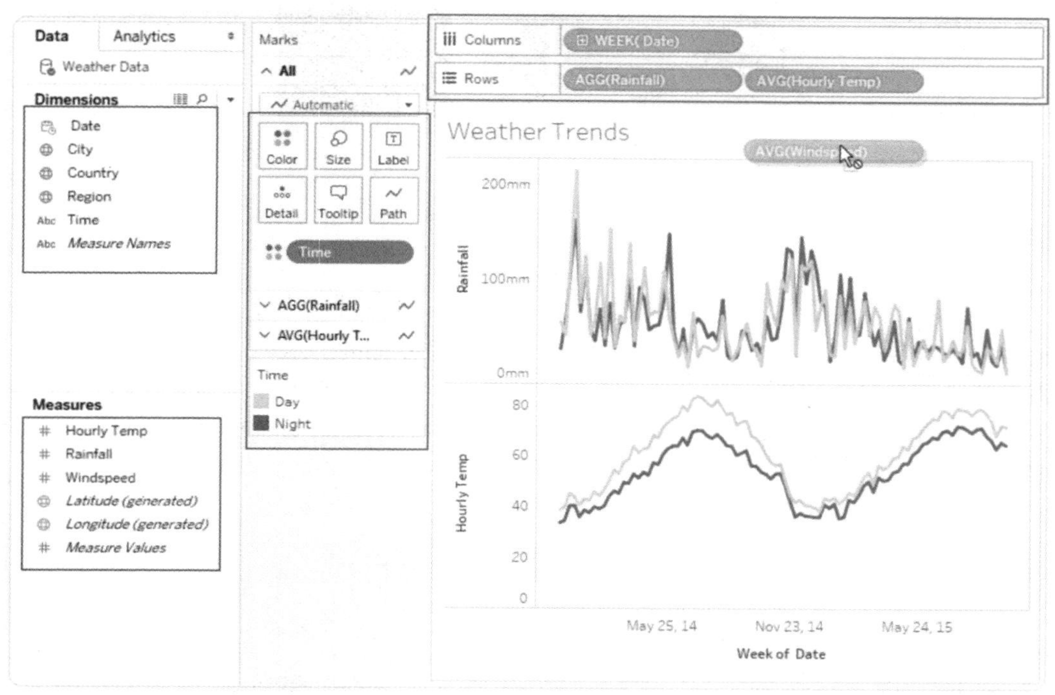

图 4-15 Tableau 的操作界面

（2）Tableau 可视化分析工具的优势

- Tableau 可以处理大量数据；
- Tableau 支持实时数据刷新；
- Tableau 更适合创建交互式仪表板；
- 快速创建交互式可视化。

3. ECharts

ECharts 最初由百度公司开发，是一款基于 JavaScript 的数据可视化图表库，提供直观、生动、可交互、可个性化定制的数据可视化图表。ECharts 提供了常规的折线图、柱状图、散点图、饼图、K 线图，用于统计的盒形图，用于地理数据可视化的地图、热力图、线图，用于关系数据可视化的关系图、treemap、旭日图，用于多维数据可视化的平行坐标，还有用于 BI 的漏斗图、仪表盘。旭日图示例如图 4-16 所示。

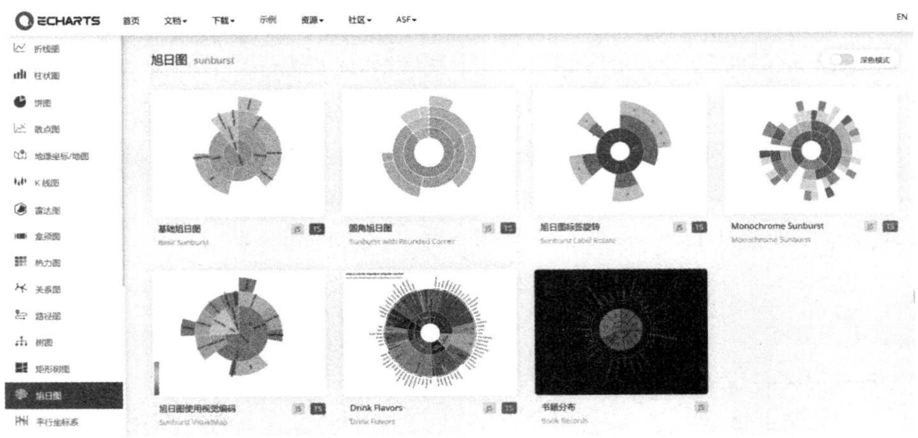

图 4-16　ECharts 旭日图示例

（1）ECharts 可视化分析的流程

这里以选择圆角环形图为例，介绍使用 ECharts 进行可视化分析的操作流程。在浏览器中输入网址，进入首页后单击“示例”，在网页左侧的图示类别中，选择“饼图”，再选择“圆角环形图”，则进入到该图例页面。在这个页面中，左侧为代码区域，右侧则是图例效果。根据自己的需求更改左侧的代码，则右侧的图也会发生变化，如图 4-17 所示。

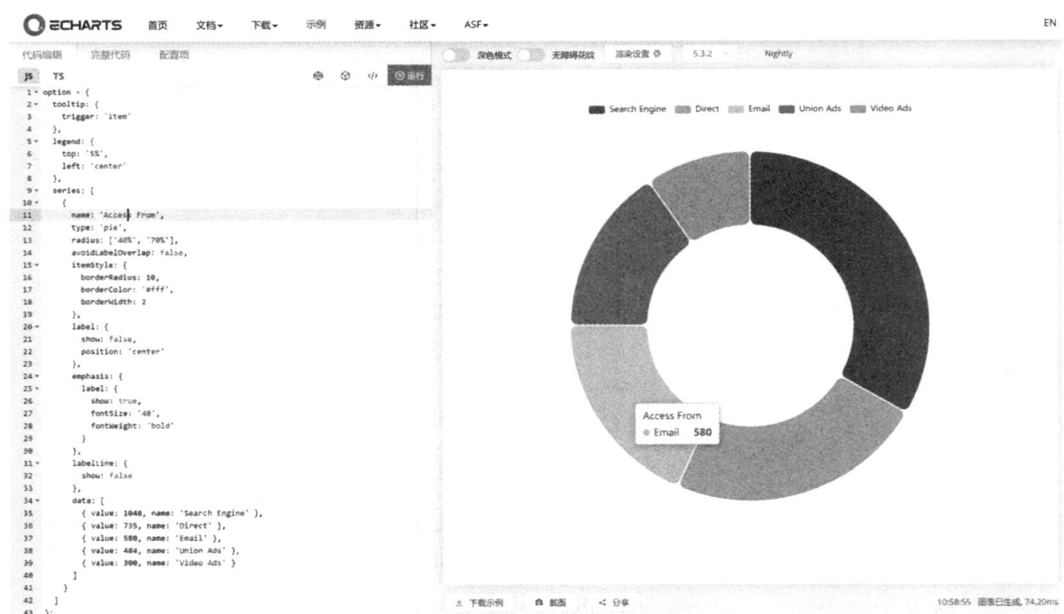

图 4- 17　ECharts 可视化分析界面

（2）ECharts 可视化分析的优缺点

ECharts 可视化分析的优缺点见表 4-5。

表 4-5 ECharts 可视化分析的优缺点

优点	缺点
ECharts 是国产、开源软件，用户可以根据自己的需求选择、自主开发可视化分析图。 ECharts 操作简单，用户根据需要选择图例，修改代码即可。 ECharts 图例多，选择面大。 ECharts 体积小，上手快	自定义开发较为困难

4. Matplotlib

Matplotlib 是 Python 的绘图库，它是一个非常强大的画图工具，能让使用者轻松地将数据图形化，并且提供多样化的输出格式，可用于 Python 脚本、Python 和 IPython（opens new window）Shell、Jupyter（opens new window）笔记本、Web 应用程序服务器和四个图形用户界面工具包。Matplotlib 可以用来绘制各种静态、动态、交互式的图表。可以使用该工具将很多数据通过图表的形式更直观地呈现出来。Matplotlib 可以绘制线图、散点图、等高线图、条形图、柱状图、3D 图形，甚至是图形动画。为了简单绘图，pyplot 模块提供了类似于 MATLAB 的界面，尤其是能与 IPython 结合使用。对于高级用户，可以通过面向对象的界面来优化线型、字体属性、轴属性等。图 4-18 所示为 Matplotlib 的示例图页面。

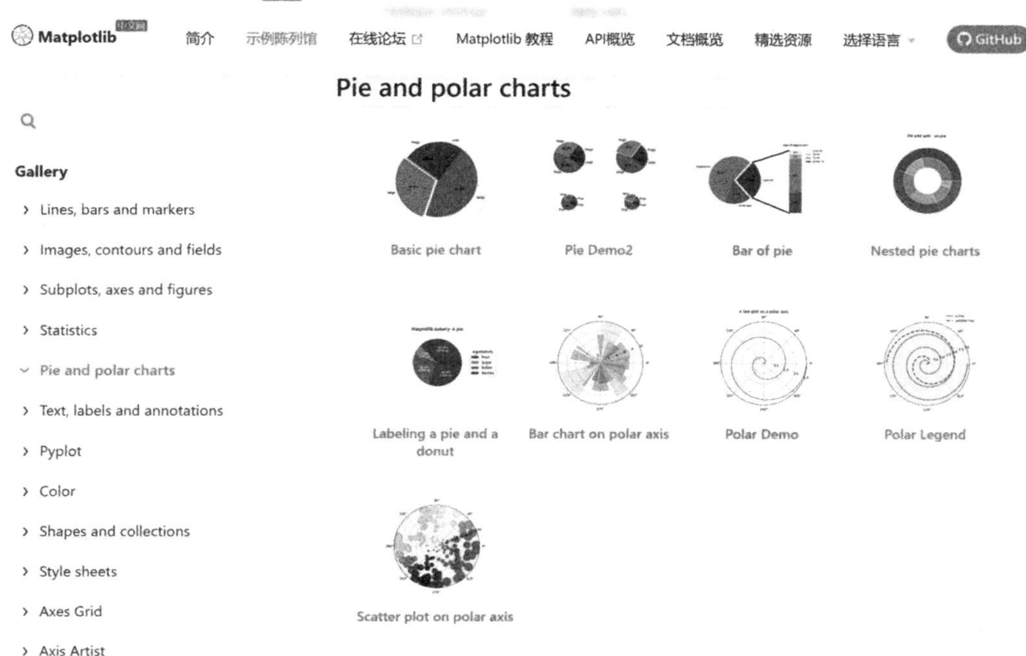

图 4-18 Matplotlib 示例图界面

使用 Matplotlib 对数据进行可视化分析，可以参考 Matplotlib 官网中的代码，其操作方法为：首先在浏览器中输入网址打开 Matplotlib 网页，再单击“示例陈列馆”，选择你所需要的图例，如这里选择“Pie and polar charts”中的“Basic pie chart”进入“基本饼图”页面，在其中介绍了基本饼图的功能及其示例代码，用户只需要将代码拷贝到 Python 编辑器中，修改数据源及参数即可，如图 4-19 所示。

Matplotlib 简介 示例陈列馆 在线论坛 Matplotlib 教程 API概览 文档概览 精选资源 选择语言

```
import matplotlib.pyplot as plt

# Pie chart, where the slices will be ordered and plotted counter-clockwise:
labels = 'Frogs', 'Hogs', 'Dogs', 'Logs'
sizes = [15, 30, 45, 10]
explode = (0, 0.1, 0, 0)  # only "explode" the 2nd slice (i.e. 'Hogs')

fig1, ax1 = plt.subplots()
ax1.pie(sizes, explode=explode, labels=labels, autopct='%1.1f%%',
        shadow=True, startangle=90)
ax1.axis('equal')  # Equal aspect ratio ensures that pie is drawn as a circle.

plt.show()
```

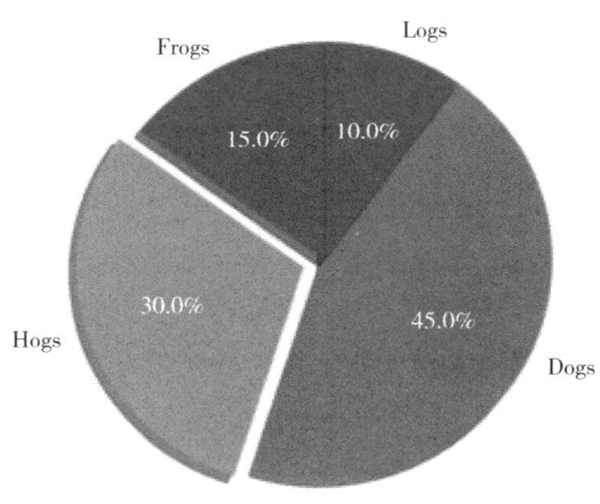

图 4-19 Matplotlib 可视化分析界面

5. Ggplot2

Ggplot2 是 R 语言的一个绘图包，是由 Hadley Wickham 于 2005 年创建，于 2012 年 4 月进行了重大更新。Ggplot2 的核心理念是将绘图与数据分离，即将数据相关的绘图与数据无关的绘图分离，是按图层作图，同时它保有命令式作图的调整函数，使其更具灵活性，绘制出来的图形美观，避免烦琐细节。Ggplot2 界面如图 4-20 所示。

（1）Ggplot2 可视化分析的流程

使用 Ggplot2 对数据进行可视化分析，同样可以使用 Ggplot2 官网中的代码。其操作方法为：首先在浏览器中输入网址打开 Ggplot2 网页，再单击“Extensions”打开图例，选择所需要的图例，查看并复制示例代码。用户只需要将代码拷贝到 R 语言编辑器中，修改数据源及参数即可，如图 4-21 所示。

图 4-20　Ggplot2 示例图界面

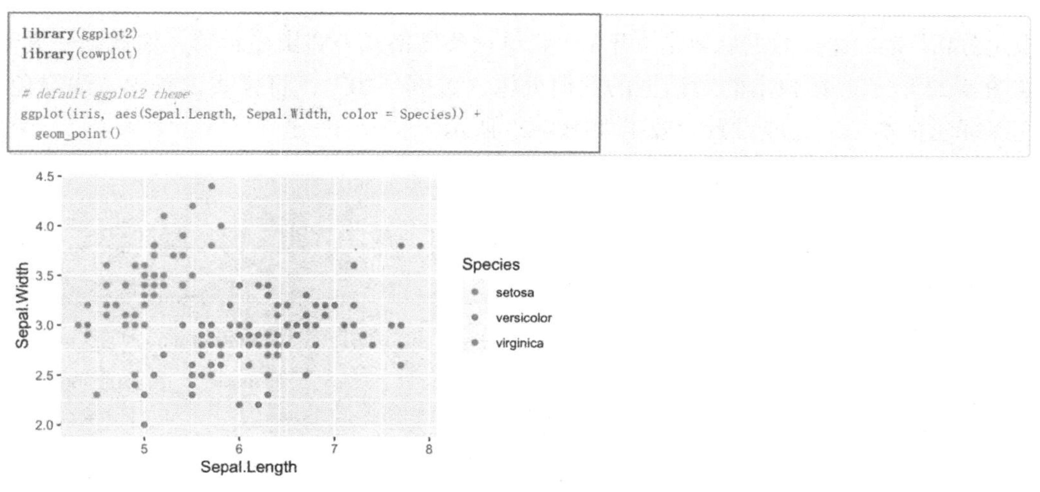

图 4-21　Ggplot2 可视化分析界面

（2）Ggplot2 的特点

Ggplot2 是 R 语言最擅长的绘图包，它有以下几个特点：

•图形映射：自动将数据映射到图形上。

•图层叠加：将不同形状的图表视为图层（Layer），方便进行叠加。

•提供了范围控制（Scale）、坐标系转换（Coord）、分面（Facet）等特性。

实践真知

大数据可视化分析工具众多，请上网查询以下3个可视化分析工具，并了解其主要内容，将了解到的信息填写在表4-6中。

表4-6 可视化分析工具

名称	开发者及官网网址	图例介绍
Highcharts		
魔镜		
图表秀		

二、使用 Excel 可视化分析数据

Excel 是一个使用非常简单的可视化分析工具，无须编写代码也能对数据进行可视化分析。下面对公司规格为“30 cm*18 cm*1.2 cm”的木材某年1—12月的销售数据表进行可视化分析。

1. 使用条件格式标记数据

①将销量达到30的使用“浅绿色填充深绿色文本”标注数据。打开“销售数据可视化分析”表，选择数据后单击“开始”菜单→条件格式→突出显示单元格规则→大于，如图4-22所示，在弹出的对话框的数值处输入数据“30”，将样式设置为“浅绿色填充深绿色文本”，完成设置后效果如图4-23所示。

图4-22 选择条件格式

	A	B	C	D	E	F	G	H	I	J	K	L	M	N	O	P
1	规格	1月	2月	3月	4月	5月	6月	7月	8月	9月	10月	11月	12月	合计		
2	20*15*2.2cm	45	37	22	35	29	20	16	37	41	47	48	34			
3	30*15*2.2cm	37	30	23	20	40	47	46	23	26	36	34	38			
4	40*15*2.2cm	30	13	18	36	45	18	19	25	24	25	34	15			
5	50*15*2.2cm	13	40	40	36	22	21	40	29	43	23	33	16			
6	45*15*2.2cm	40	46	38	34	28	20	16	36	22	27	46	14			
7	55*15*2.2cm	46	32	32	25	22	47	25	18	20	45	34	24			
8	60*15*2.2cm	32	21	35	21	20	23	22	20	25	27	31	28			
9	20*20*2.2cm	10	25	48	43											
10	25*20*2.2cm	41	25	49	42											
11	30*20*2.2cm	49	46	23	24											
12	35*20*2.2cm	10	10	46	44											
13	35*30*2.2cm	49	42	26	21											
14	40*30*2.2cm	38	32	31	36											
15	45*30*2.2cm	15	34	42	26											
16	50*30*2.2cm	39	46	36	23											
17	55*30*2.2cm	42	26	24	35	24	27	21	28	37	23	21	24			
18	60*30*2.2cm	15	49	23	22	26	49	28	27	46	20	22	23			

大于 ? ×
为大于以下值的单元格设置格式:
30 设置为 绿填充色深绿色文本
确定 取消

图 4-23 设置填充颜色

②对于销量低于20的使用“浅红色填充深红色文本”进行标注。选择数据后单击“开始”菜单→条件格式→突出显示单元格规则→小于，在弹出的对话框的数值处输入数据“20”，将样式设置为“浅红色填充深红色文本”，完成设置后效果如图 4-24 所示。

	A	B	C	D	E	F	G	H	I	J	K	L	M	N
1	规格	1月	2月	3月	4月	5月	6月	7月	8月	9月	10月	11月	12月	合计
2	20*15*2.2cm	45	37	22	35	29	20	16	37	41	47	48	34	
3	30*15*2.2cm	37	30	23	20	40	47	46	23	26	36	34	38	
4	40*15*2.2cm	30	13	18	36	45	18	19	25	24	25	34	15	
5	50*15*2.2cm	13	40	40	36	22	21	40	29	43	23	33	16	
6	45*15*2.2cm	40	46	38	34	28	20	16	36	22	27	46	14	
7	55*15*2.2cm	46	32	32	25	22	47	25	18	20	45	34	24	
8	60*15*2.2cm	32	21	35	21	20	23	22	20	25	27	31	28	
9	20*20*2.2cm	10	25	48	43	23	39	32	27	17	10	40	22	
10	25*20*2.2cm	41	25	49	42	26	21	35	37	13	18	27	18	
11	30*20*2.2cm	49												
12	35*20*2.2cm	10												
13	35*30*2.2cm	49												
14	40*30*2.2cm	38												
15	45*30*2.2cm	15												
16	50*30*2.2cm	39												
17	55*30*2.2cm	42												
18	60*30*2.2cm	15											23	

小于 ? ×
为小于以下值的单元格设置格式:
20 设置为 浅红填充色深红色文本
确定 取消

图 4-24 设置填充颜色

2. 使用折线图分析销售趋势

①对前 4 条数据使用折线图对比分析销售趋势。选择前 4 四条数→单击“插入”→图表→折线图→带标记的堆积折线图，完成后如图 4-25 所示。

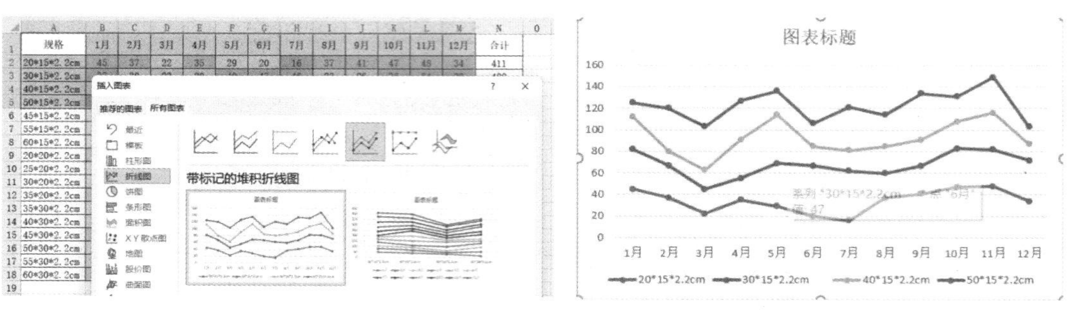

图 4-25　插入折线图

②图表的标题、颜色、坐标轴、图例数据等都可以进行修改。此处将标题修改为“木材销售数据图”，图例显示在下方，如图 4-26 所示。

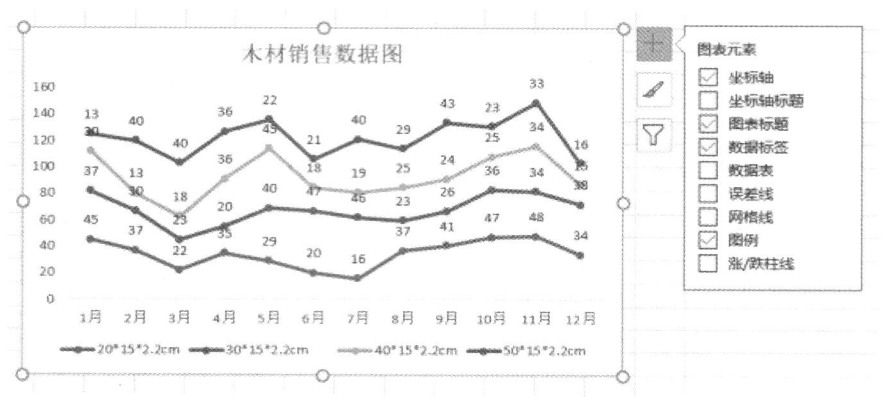

图 4-26　设置折线图图表元素

3. 使用圆环图分析木材各月的销量占比

①使用求和公式，计算每一种木材的总销量。

②选择规格和合计两列数据，单击“插入”→图表→饼图→圆环图，如图 4-27 所示，完成设置后，从图表中可以看到各种木材的销售占比。

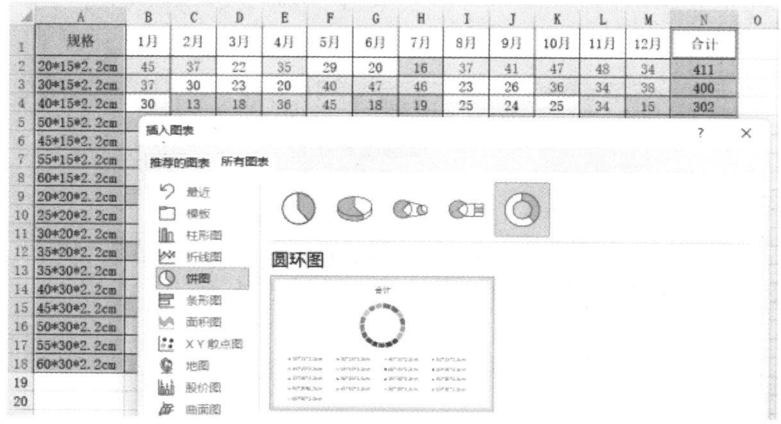

图 4-27　插入圆环图

③修改圆环图样式。选择图表，单击右侧的样式，选择如图 4-28 所示的样式，图表即变为左侧的效果。

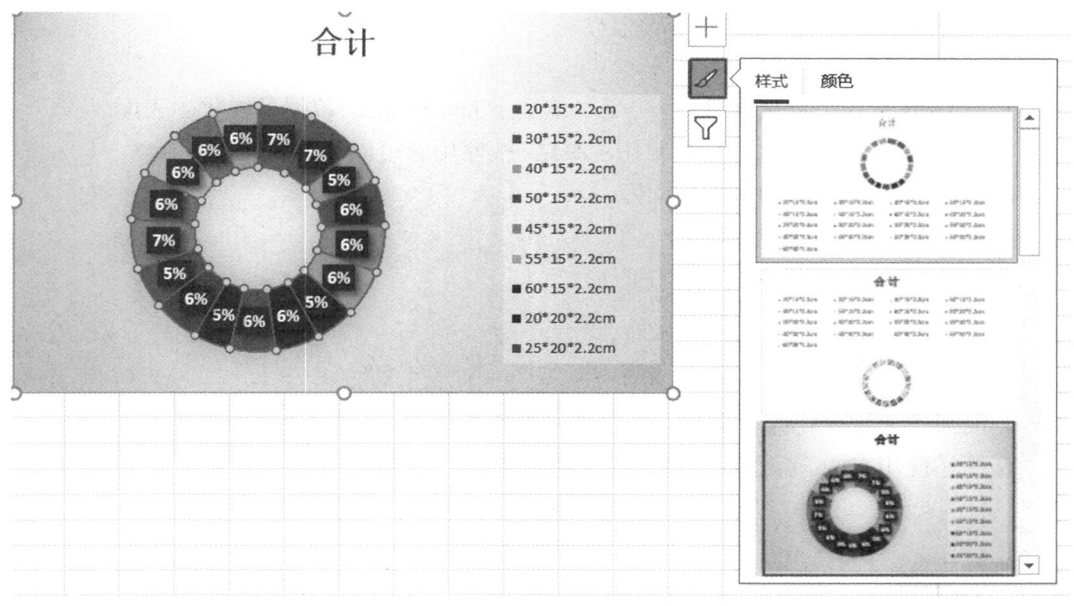

图 4-28 修改圆环图样式

Excel 的条件格式还有很多，如色阶、图标、数据条等，图表的类型也还有很多，不仅可以选择已有的图形，还可以制作组合图形，给数据分析带来更好的视觉效果。

实践真知

请利用“销售数据可视化分析”的数据，使用柱图分析木材各月的数据，找到销量最高和最低的月份信息。

检 查

一、填空题

1. ________旨在利用数据可视化技术和数据分析技术，使数据更鲜活、交互性更强，并辅助决策者快速做决策。

2. ______世纪前，在几何中开始绘图，然后使用观测和测量进行绘图，数据可视化处理萌芽阶段。

3. 2012 年至今，大规模的动态化数据要依靠更有效的处理算法和表达形式传达出有价值的信息，此时的数据可视化目标具有实时和__________的特点。

4. 数据可视化分析的基本流程包括__________、__________、数据可视化。
5. Tableau 是一款________系统中最简单的商业智能工具软件。

二、判断题

1. ECharts最初由百度团队开发，是一款基于JavaScript的数据可视化图表库。(　　)
2. Excel是数据可视化分析的常用工具之一，使用者可以不具备编程基础。(　　)
3. Matplotlib 是百度的可视化图库。(　　)
4. Ggplot2是R语言的绘图包。(　　)
5. Excel 不能制作组合的可视化图形 。(　　)

三、简答题

1. 简述 3 个可视化分析工具，并描述其特点。
2. 简述使用 Excel 制作基本饼图的操作步骤。

评　价

根据学习情况自查，在对应的知识点认知分级栏中打“√”。

序号	评价内容	识记	理解	应用	分析	评价	创造	问题
1	大数据可视化的概念及作用							
2	数据可视化的发展历程							
3	数据可视化的工具及其特点							
4	使用 Excel 对数据进行可视化分析的操作步骤							
教师诊断评语：								

任务三　实现大数据安全

资讯

--- 任务描述：

景泰木材加工厂的管理层发现全部业务数据都存储在大数据平台中，他们担心出现数据泄露、数据被损坏等情况给生产经营带来不可预期的损失，对数据安全有着极高的预期。对于为企业提供数据技术服务的亿思科技公司来说，数据安全也是企业非常重要的技术环节。为了消除景泰木材加工厂领导对数据安全的顾虑，大军决定先向其介绍大数据安全的相关信息：

①信息安全；

②大数据安全的概念及其保护措施；

③大数据安全的要素。

--- 知识准备：

一、信息安全

21 世纪是信息的时代，信息成为一种重要的战略资源，信息的获取、处理和安全保障能力成为一个国家综合国力的重要组成部分，信息安全事关国家安全、社会稳定。因此，必须采取措施保障信息的安全。

信息安全主要包括以下 4 个方面：信息设备安全、数据安全、内容安全和行为安全。信息系统硬件结构的安全和操作系统的安全是信息系统安全的基础，密码、网络安全等技术是信息系统安全的技术保障，只有从信息系统的硬件和软件的底层采取安全措施，才能有效地保障信息系统的安全。

二、大数据安全的概念及隐私保护措施

1. 大数据安全的概念

随着大数据的发展，人们在互联网上的一言一行都被互联网记录了下来，包括购物习惯、好友联络情况、阅读习惯、检索习惯等，大数据可以通过用户的属性推测用户的消费习惯、个人爱好等信息，这种基于大数据对人们状态和行为的预测，给人们带来了一定的威胁，因此迫切需要保护好用户隐私信息。除此以外，大数据在存储、处理、传输等过程中也面临诸多安全风险，需要对用户数据的收集、存储、管理与使用进行监管，国家也通过法律途径提出了用户数据的隐私保护。

大数据安全就是为了保障数据不受到泄漏和非法篡改的安全威胁，使用安全防范

技术保障网络数据的完整性、可用性、保密性。

2. 大数据隐私保护的具体措施

在大数据信息中，用户隐私信息保护显得尤其重要，在隐私数据保护中，采集发布匿名保护技术、网络匿名保护技术、网络数据水印技术、加密隐私数据搜索等安全防护技术对数据进行保护。

三、大数据安全的要素

大数据安全主要包含数据安全存储、数据安全传输和用户安全认证 3 个要素。

•数据安全存储：指数据在存储过程中的安全，即包含了数据的机密性、完整性和安全性。

•数据安全传输：对数据进行网络传输安全的管理，包含数据传输加密和网络可用性管理。数据传输加密阶段采用适当的加密保护措施，保证传输通道、传输节点和传输数据的安全，防止传输过程中数据被截取所引发的数据泄漏。网络可用性管理是通过网络基础链路、关键网络设备的备份建设，实现网络的高可用性，从而保证数据传输过程的稳定性。

•用户安全认证：使用身份认证技术对信息收发方进行真实身份鉴别，它的任务是识别、验证网络信息系统中用户身份的合法性和真实性，再授权访问系统资源。

除了以上 3 个主要的安全要素外，大数据安全要素还包括分类分级、生命周期安全、访问控制、安全审计及监控等要素，共同构成大数据安全的保障体系。

计划&决策

针对景泰木材加工厂领导对数据安全的顾虑，亿思科技公司为了解除企业在数据存储、数据传输、用户身份认证等方面的安全顾虑，提高企业的技术认同，技术骨干大军决定向景泰木材加工厂领导介绍公司在大数据安全上的防范技术、防范措施等内容，大军制订了与企业的交流计划。

①介绍大数据安全防范措施；

②介绍大数据安全防范技术；

③介绍大数据安全工具。

实 施

一、大数据安全防范技术

在大数据环境中，需要制订相关的制度。结合实际的数据，制订数据分级分类防护策略、数据安全架构及组织制度保障，通过一系列技术对数据进行定位、追踪、告警、阻断、溯源等，执行分级分类监控防护。大数据安全防范技术众多，大数据处理数据安全技术包含大数据安全防范技术、隐私安全防范技术。

1. 大数据安全防范技术

•数据水印：为了保持对分发后的数据进行流向追踪，在数据泄露行为发生后，对造成数据泄露的源头可进行回溯的一种技术。

•数据血缘：数据处理过程中，分析数据之间的关系。通过数据血缘追踪分析，可以获得数据在数据流中的演化过程。当数据发生异常时，通过数据血缘分析能追踪到异常发生的原因，把风险控制在适当的水平。

2. 数据隐私安全防范技术

隐私安全防范技术主要是指对大数据中涉及的敏感用户信息或企业信息进行模糊化处理，达到数据变形的效果，使得恶意攻击者无法从已脱敏数据中获得敏感信息。数据脱敏包含无效化处理、随机值替换、数据替换、对称加密、平均值、偏移和取整几种技术，见表 4-7。

表 4-7 数据脱敏技术

技术名称	处理方法	举例	
		原数据	脱敏后的数据
无效化处理	处理待脱敏的数据时，通过对字段数据值进行截断、加密、隐藏等方式的处理	12813818138	138****8138
随机值替换	通过字母变为随机字母，数字变为随机数字，文字变为随机文字的方式来改变敏感数据	12813818138	35035030350
数据替换	使用设定的虚拟值替换真实值	12813818138	13813000000
对称加密	通过加密密钥和算法对敏感数据进行加密，密文格式与原始数据在逻辑规则上一致，通过密钥解密可以恢复原始数据	2207241991	eaf7e1d2a1
平均值	针对数值型数据，先计算数据的均值，然后使脱敏后的值在均值附近随机分布，从而保持数据的总和不变	28.5	30
偏移取整	通过随机移位改变数字数据，得到一个整型数据	13：23：32	13：00：00

二、大数据安全保障措施

针对大数据在数据采集、数据传输和存储、数据使用、数据共享及数据销毁环节的安全，均有对应的安全保障措施。

1. 数据采集环节的安全技术措施

为了保障数据采集过程中的个人信息及重要数据不被泄露，目前数据采集环节中数据防泄漏技术主要包含加密技术、权限管控技术、基于内容深度识别的通道防护技术。

加密技术是从数据泄露的源头开始对数据进行保护，使用加密技术对受保护的敏

感数据设置相应的参数，在写入数据时进行加密存储、读取数据时进行自动解密。

权限管控技术（Digital Rights Management，DRM）是通过设置特定的安全策略，通过细粒度的操作控制和身份控制策略来实现数据的权限控制。在敏感数据文件生成、存储、传输的同时实现自动化保护，通过权限访问控制策略防止对敏感数据进行非法复制、泄露和扩散等操作。

基于内容深度识别的通道防护技术（Data Leakage Prerention，DLP）是对敏感数据进行特殊标记，对敏感数据外传进行控制。

2. 数据传输和存储环节的安全技术措施

数据传输和存储环节主要通过密码技术保障数据机密性、完整性。在数据传输环节，可以通过 HTTPS、VPN 等技术建立不同安全域间的加密传输链路，也可以直接对数据进行加密，以密文形式传输，保障数据传输过程安全。在数据存储环节，可以采取数据加密、硬盘加密等多种技术方式保障数据存储安全。

3. 数据使用环节的安全技术措施

数据使用环节安全防护的目标是保障数据在授权范围内被访问、处理，防止数据遭到窃取、泄漏、损毁。为实现这一目标，除了防火墙、入侵检测、防病毒、防 DDoS、漏洞检测等网络安全防护技术措施外，数据使用环节还需实现的安全技术能力包括账号权限管理、数据安全域、数据脱敏、日志管理和审计、异常行为实时监控与终端数据防泄漏。

（1）账号权限管理

建立统一账号权限管理系统，对各类业务系统、数据库等账号实现统一管理。除基本的创建或删除账号、权限管理和审批功能外，其功能还包括：一是权限控制的颗粒度尽可能小，做到对数据表列级的访问和操作权限控制；二是对权限的授予设置有效期，到期自动回收权限；三是记录账号管理操作日志、权限审批日志，并实现自动化审计。

（2）数据安全域

运用虚拟化技术搭建一个能够访问、操作数据的安全环境，组织内部的用户在不需要将原始数据提取或下载到本地的情况下，即可以完成必要的查看和数据分析。

（3）数据脱敏

从保护敏感数据机密性的角度出发，在进行数据展示时，需要对敏感数据进行模糊化处理。例如对手机号码、身份证件号码等个人敏感信息，模糊化展示也是保护个人信息安全所必须采取的措施。数据脱敏工具可以实现对数值和文本类型的数据脱敏，支持不可逆加密、区间随机、掩码替换等多种脱敏处理方式。

（4）日志管理和审计

日志管理和审计方面的技术主要是对账号管理操作日志、权限审批日志、数据访问操作日志等进行记录和审计。

（5）异常行为实时监控与终端数据防泄漏

异常行为实时监控是实现“事前”“事中”环节监测预警和实时处置的必要技术措施。异常行为监控系统能够对数据的非授权访问、数据文件的敏感操作等危险行为进行实时监测。同时，终端数据防泄漏工具能够在本地监控办公终端设备操作行为，可以有效防范内部人员窃取、泄漏数据的风险，同时有助于安全事件发生后的溯源取证。终端数据防泄漏工具通过监测终端设备的网络流量、运行的软件、USB 接口等，实时发现发送、上传、拷贝、转移数据文件等行为，扫描文件是否包含禁止提供或披露的数据，进而实时告警或阻断。

4. 数据共享环节的安全技术措施

数据共享环节涉及向第三方提供数据、对外披露数据等不同业务场景，在执行数据共享安全相关管理制度规定的同时，可以建设统一数据分发平台，与数据安全域技术结合，作为数据离开数据安全域的唯一出口，进而在满足业务需求的同时，有效管理数据共享行为，防范数据窃取、泄漏等安全风险。

5. 数据销毁环节的安全技术措施

在数据销毁环节，安全目标是保证磁盘中存储数据的永久删除、不可恢复，可以通过软件或物理方式实现。数据销毁软件主要采用多次填充垃圾信息等原理，此外，硬盘消磁机、硬盘粉碎机、硬盘折弯机等硬件设备也可以通过物理方式彻底毁坏硬盘。

三、大数据安全工具

大数据安全工具非常多，具有云数据中心的企业都有相应的安全防护工具，如百度智能数据安全网关、阿里云安全中心、华为云数据安全工具等。

1. 百度智能数据安全网关

智能数据安全网关基于百度的 NLP（Natural Language Processing）技术，针对企业内部数据安全治理面临的问题，提供解决方案。一是通过被动感知和主动探测的方式，发现网页中的敏感数据，并对数据进行分类和分级；二是识别废弃的应用程序接口，防止数据泄漏；三是通过脱敏算法及脱敏设置对敏感数据进行智能脱敏；四是水印溯源追踪，对数据添加水印，提高安全意识；五是防止访问者复制、粘贴敏感数据，实现数据防拷贝；六是记录敏感行为，方便事后调查取证；七是具有常见的攻击防护能力。

2. 阿里云安全中心

云安全中心（态势感知）是阿里集团研发的一款集持续监测、深度防御、全面分析、快速响应能力于一体的云上安全管理平台，如图 4-29 所示。基于云原生架构优势，提供云上资产管理、配置核查、主动防御、安全加固、云产品配置评估和安全可视化等能力，可有效发现和阻止病毒传播、黑客攻击、勒索加密、漏洞利用、AK（Access Key）泄漏等风险事件，实现一体化、自动化的安全运营闭环，保护多云环境下的主机、容器、虚拟机等工作负载安全性，同时满足监管合规要求。

图 4-29　云安全中心防护场景

3. 华为云数据安全工具

华为作为全球领先的信息与通信技术企业，其在云上数据安全的研究非常深入，有 Web 应用防火墙、DDoS 高防、数据库安全服务 DBSS、SSL 证书管理等功能，多个产品可以满足用户的多种需求。

实践真知

前面介绍了几个企业的大数据安全防护工具，请上网查询以下三个企业的云安全防护工具，将了解到的信息填写在表 4-8 中。

表 4-8　大数据云安全防护工具

企业名称	云安全防护工具	功能简介
天翼		
360		
腾讯		

检　查

一、填空题

1. 信息安全主要包括以下 4 个方面：________、________、________和行为安全。
2. 大数据安全是为保障网络数据的________、可用性、________，不受到信息泄漏和非法篡改的安全威胁。

3. 大数据安全主要包含________、________和用户安全认证 3 个要素。

4. 大数据安全防范技术包含________和数据血缘。

5. 数据传输和存储环节主要通过________保障数据机密性、完整性。

二、判断题

1. 数据在传输过程中，可以对数据进行加密保护，以提高数据传输过程中的安全性。 (　　)

2. 在数据传输过程中，去掉数据的敏感信息，是数据脱敏的操作方法。 (　　)

3. 可以设置数据访问的权限，以提高数据的安全性。 (　　)

4. 监控网络访问日志并不能提高数据的安全性。 (　　)

5. HTTPS、VPN 等技术是数据传输过程中的安全防范技术。 (　　)

评　价

根据学习情况自查，在对应的知识点认知分级栏中打“√”。

序号	评价内容	识记	理解	应用	分析	评价	创造	问题
1	信息安全的重要性							
2	大数据安全的要求							
3	大数据安全的措施							
4	大数据安全的防范技术							
教师诊断评语：								

任务四　分析大数据应用案例

资　讯

--- 任务描述：

随着信息技术的发展，大数据将各行各业的用户、方案提供商、服务商、运营商等融入到一个大环境中，使得其应用领域越来越广泛。大军为了让企业了解大数据的价值及应用场景，决定让企业了解以下信息：

①大数据的价值；

②大数据的应用场景。

--- 知识准备：

一、大数据的价值

1. 数据驱动业务

通过挖掘数据背后的信息，实现企业产品及运营的智能化，如开发基于个性化的精准营销服务、基于模型算法的风控反欺诈服务的征集服务、广告服务等。

2. 数据对外变现

通过对数据进行包装，对外提供数据服务，从而获得收入。例如，大数据公司通过对数据进行分析，提供风控评估服务、精准营销服务、数据开放平台服务等。

3. 数据辅助决策

在大数据的支撑下，分析师可以轻易地获取由数据组成的分析报告指导产品生产及运营，产品经理可以通过统计数据来完善产品功能、改善用户体验，运营人员能够透过数据发现运营问题，确定运营策略，管理层能够通过数据掌握公司的运营状况，进而制订战略决策。

二、大数据的应用场景

1. 农业大数据

在农业领域中，大数据技术已涉及耕地、育种、播种、施肥、植保、收割、储运、农产品加工、销售等环节，能够实现对农作物种植、培育、生长、销售等环节的管理。农业大数据包含农业环境与资源大数据、农业生产大数据、农业市场和农业管理大数据。通过传感器采集气候、土壤、温度、湿度等环境数据，可以分析未来气候走向、病虫害趋势，得到较精确的种植及管理建议，这属于农业环境大数据。通过系统监测大棚中植物生产的数据，判断植物生产过程中的长势，这属于农业生产大数据。通过 GPRS 信息技术、物联网传感器技术、扫描设备收集供应链数据，这属于农业市场大数据。

2. 工业大数据

工业大数据应用覆盖工业的研发设计、生产制造、供应链管理、市场营销、售后服务等环节。在研发设计环节，可满足协同研发的需求，从而设计出更好的产品，缩短产品交付周期。在生产制造环节，可综合分析大量的机器、生产线、运营等数据，优化生产制造流程。在供应链管理环节，可通过分析数据实现供应链资源的高效配置和精确匹配。在市场营销环节，可利用大数据精准挖掘用户需求及市场趋势，优化市场营销策略。在售后服务环节，则可以分析产品的销售时间、仓储数量、维修情况等数据，从而优化营销、生产等流程。

3. 服务业大数据

大数据给服务业带来新的机遇和挑战，应用甚多。电视媒体、社交网络、医疗行业、保险行业、公共交通等各领域均有应用，如电子病历、实时的健康状况告警、旅游个性化路线定制、投资风险评估等。

计划&决策

景泰木材加工厂领导对于亿思科技公司介绍的大数据处理方法、大数据可视化分析以及大数据安全技术都非常满意。大军为了增强企业领导的信心，决定向企业领导展示大数据在互联网、商业、生物医学、城市管理等领域的应用案例。

①介绍大数据在互联网领域的应用案例；

②介绍大数据在商业领域的应用案例；

③介绍大数据在生物医学领域的应用案例；

④介绍大数据在城市管理领域的应用案例。

实 施

一、大数据在互联网领域的应用案例

1. 百度热搜关注当前的热点话题

百度因其优秀的搜索引擎而家喻户晓。百度热搜则是以数亿用户的真实数据为基础，通过专业的数据挖掘方法，计算关键词的热搜指数，建立全面、热门、时效的各类关键词排行榜，如图 4-30 所示。

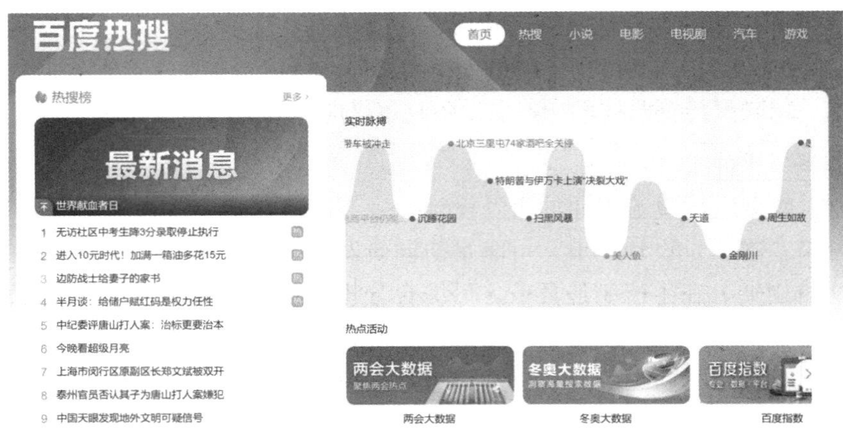

图 4-30　百度热搜排行榜

目前，百度热搜包含热搜榜、小说榜、电影榜、电视剧榜、汽车榜、游戏榜。百度热搜热点榜为了保证数据的时效性，在固定时间点更新数据。搜索指数是以用户在百度的搜索量为数据基础，以关键词为统计对象，将各个关键词在百度网页搜索中的搜索频次加权求和、指数化处理后得出。

百度指数是根据搜索指数计算而得的指数，通过关键词搜索，进行趋势研究、需求分析、人群画像分析等数据分析，图 4-31 所示为以关键词“二十大”进行分析的搜索需求图谱。

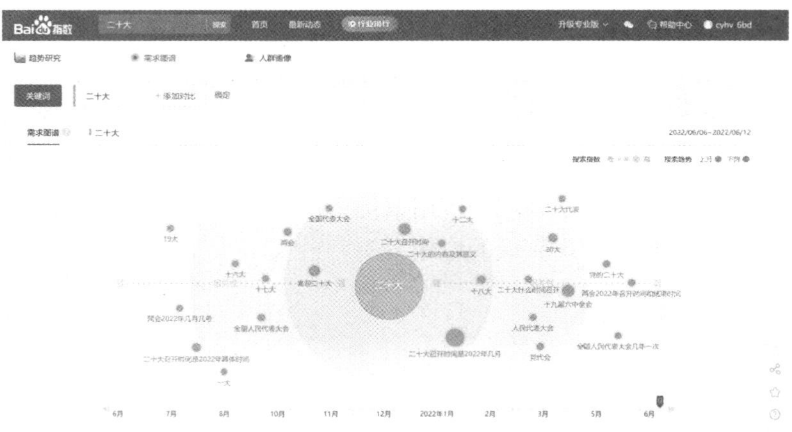

图 4-31　百度指数搜索结果

百度热搜之所以能挖掘出当前人们关注的热点信息，是基于用户数量多的前提，通过对用户搜索关键词及相关信息的分析，从而分析出当前的热搜榜等数据。

2. 精准推送视频信息

腾讯视频依托于腾讯庞大的用户基数，成为覆盖面广、成长速度快、视频数据量大的视频网站。

腾讯视频根据用户的喜好推荐视频，因此每个人打开腾讯视频所显示的页面中可能有 50% 左右的内容是不一样，这种推荐是基于对用户数据的深度挖掘而来的，即根据用户的人群画像、地域、内容实现精准定向，如推送今日热门、电视剧热播排行榜、电影热播排行榜、综艺热播排行榜、动漫热播排行榜等，如图 4-32 所示。

图 4-32　腾讯视频今日热门排行榜

腾讯视频之所以能精准向用户推送数据，是在庞大的用户数据基础上，通过对用户年龄、性别、地域、上网场景、时间、内容偏好等方面进行定向分析和数据处理后得出的结果。

二、大数据在商业领域的应用案例

1. 早期商业中的大数据应用案例

（1）孕妇营销案例

一家超市有孕妇用品售卖，但是许多孕妇习惯去孕妇专卖店购买相关用品。超市为了能吸引这部分人群到超市消费，专门分析了这部分顾客的销售数据。

数据分析部门通过分析顾客的销售数据发现，孕妇一般在怀孕第三个月时会购买很多无香乳液。几个月后，她们会购买镁、钙、锌等营养补充剂。根据数据分析部门提供的模型，超市制订了全新的广告营销方案，在孕期的每个阶段给客户寄送相应的优惠券。结果，孕妇用品的销量呈现了爆炸式增长。

超市利用大数据技术分析客户消费习惯，判断其消费需求，从而进行精确营销。这种营销方式的关键在于时机的把握，正好在客户有相关需求时进行营销活动，即进行精准营销，这样才能保证较高的成功率。

（2）“啤酒加尿布”营销案例

一家零售连锁企业拥有庞大的数据仓库系统，为了能够准确了解顾客在其门店的购买习惯，对顾客的购物行为进行购物篮分析。通过分析发现：跟尿布一起购买最多的商品竟是啤酒！

企业经过大量实际调查和分析发现，一些年轻的父亲下班后经常要到超市去买婴儿尿布，而他们中有 30%～40% 的人同时也会为自己买一些啤酒。既然尿布与啤酒一起被购买的机会较多，于是企业就在每一个门店将尿布与啤酒摆放在一起，结果尿布与啤酒的销售量双双增长。

“啤酒加尿布”这个案例将看似不相关的商品数据放在一起进行分析，却找到了它们之间的相关性，从而进行交叉营销，促进商品的销量增长。

实践真知

大数据在商业领域的应用非常多，也有很多经典案例，请列举 2 个案例，并说明大数据分析的作用。

案例 1：

案例 2：

2. 电子商务行业的精准营销

在电子商务行业中，各平台都非常重视大数据分析，并将数据分析结果运用到店铺的运营中。

（1）生意参谋让卖家更精准地开展营销

淘宝网的生意参谋集作战室、市场行情、装修分析、来源分析、竞争情报等数据产品于一体，是商家统一的数据产品平台，也是大数据时代下赋能商家的重要平台，它基于全渠道数据融合、全链路数据产品集成，为商家提供数据披露、分析、诊断、建议、优化、预测等一站式数据产品服务，如图 4-33 所示。

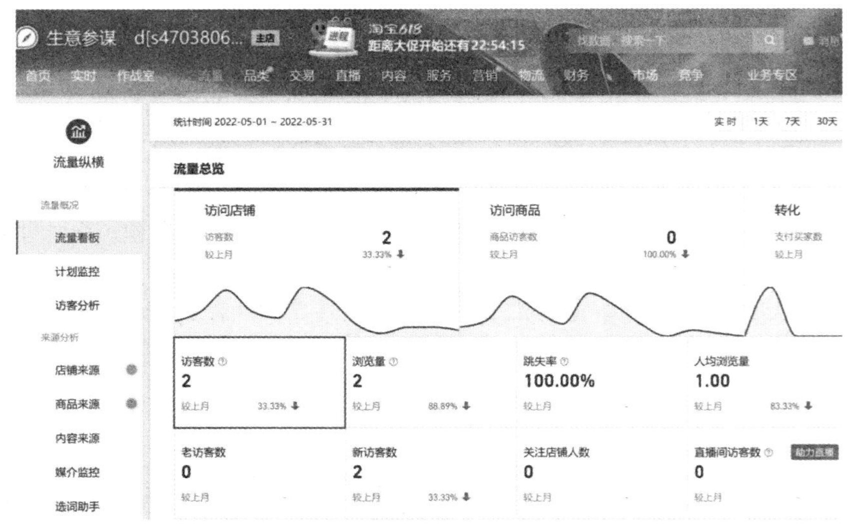

图 4-33　生意参谋流量看板

淘宝卖家之所以能向买家精准推送产品，提高成交量，是因为淘宝后台有一个庞大的数据分析平台，卖家通过数据分析做出自己的运营决策，从而提高成交率。

（2）向商家推送精准数据

京东商智是京东商城面向商家的一站式运营数据开放平台，所有数据接口均经过严格的校验，业务数据精准、通用，如图 4-34 所示。平台提供实时数据汇总、实时销量、流量数据细分、商品转化等数据的实时查看。流量来源、去向十分清楚，付费、免费推广数据准确。流量、销量、关注、回购、评价等数据详情清楚，客户画像精准。多维度解读行业态势，实时了解行业动态，跟踪 TOP 商家运营进展。

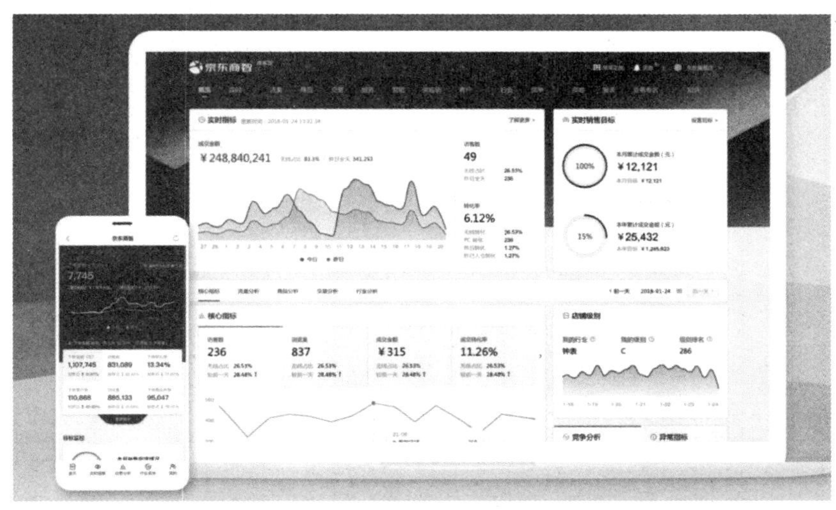

图 4-34 京东商智数据页

京东深受商家喜爱的其中一个原因是快递运送速度快，另一个原因则是后台有一个大数据分析工具，为商家分析商品、买家信息等数据，从而提高成交额。

（3）美团向消费者及服务者提供精准数据

美团作为一个集点外卖、选美食、订酒店、买电影票等功能于一体的平台，受到广大用户青睐。从消费者的角度看，美团根据用户所处的位置精准推送美食、酒店、休闲等商家信息，给消费者非常好的使用体验。从商家的角度看，也给商家及时推送消费者的相关信息，消费者下单后，能第一时间将信息推送到位置最近的人，如代驾、外卖。

实践真知

国内电子商务平台众多，请查询以下平台的数据分析工具，将名称和功能填写在表 4-9 中。

表 4-9 电商运营平台

名称	数据分析工具	功能
拼多多		
抖音		
华为商城		

三、大数据在生物医学领域的应用案例

1. 大数据赋能电子病历

随着国家健康医疗大数据政策的推行，电子病历作为其中的基础数据库之一，在医院信息系统中的地位不断攀升。由于数据的集中存储，还极大地方便了临床教学与医学研究，通过收集大量的临床信息，并从中提取有价值的数据进行统计分析，发现临床诊治的潜在规律，为临床决策提供支持，为科研教学提供第一手的资料。

电子病历能实现多院、多机构数据共享。使用大数据收集电子病历，包括个人病史、家族病史、过敏症以及所有医疗检测结果等，医院及相关部门既可以查看过往病史，也可以查看诊断数据、用药情况，更重要的是能辅助临床诊疗决策、缩短确诊时长、减少误诊误治率、形成综合预警等，如图 4-35 所示。

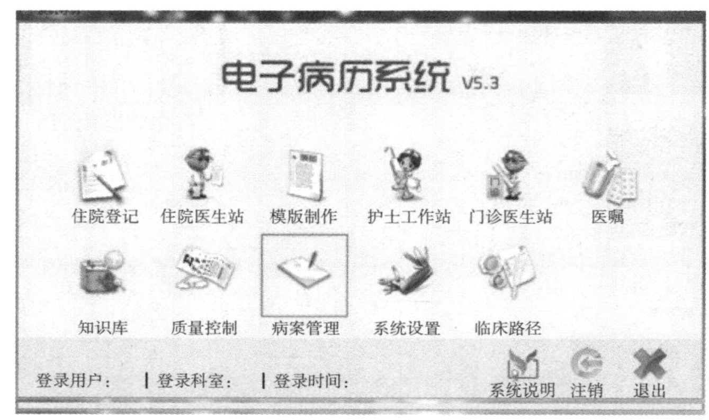

图 4-35　电子病历系统

除医院能共享电子病历的数据外，保险行业也能查看电子病历数据。在个人投保前，保险公司就可以查看投保人的健康数据，根据个人的健康画像确定是否可参保。

2. 人脸识别助力身份认证

人脸识别是基于人的脸部特征信息进行身份识别的一种生物识别技术。用摄像机或摄像头采集含有人脸的图像或视频流，并自动在图像中检测和跟踪人脸，进而对检测到的人脸进行脸部识别，通常也称为人像识别、面部识别，如图 4-36 所示。

图 4-36　人脸识别验证身份

人脸识别系统主要由人脸图像采集及检测、人脸图像预处理、人脸图像特征提取、人脸图像匹配与识别 4 个部分组成。其中，人脸图像采集及检测是通过摄像头采集静态图像、动态图像、不同表情等方面的人脸图像数据；人脸图像匹配与识别是将提取的人脸图像的特征数据与数据库中存储的特征模板进行搜索匹配，根据人脸的相似度对身份信息进行判断。

人脸识别应用非常广泛，如银行使用人脸识别来确认身份，警察局通过人脸识别来搜索犯罪嫌疑人，机场使用人脸识别进行安全监控。

实践真知

2021 年 8 月 20 日，十三届全国人大常委会第三十次会议表决通过《中华人民共和国个人信息保护法》，自 2021 年 11 月 1 日起施行。针对滥用人脸识别技术问题，本法要求，在公共场所安装图像采集、个人身份识别设备，应设置显著的提示标识；所收集的个人图像、身份识别信息只能用于维护公共安全的目的。

请查询其他关于个人信息保护的法律法规。

四、大数据在城市管理领域的应用案例

1. 大数据在智能交通系统中的应用

随着城市人口密度的增加、城市建设的推进和人们生活节奏的加快，城市交通拥堵日益严重，这为传统的交通管理带来了巨大的挑战。在城市中各交通要道的实时交通数据、停车场空余车位的显示、交通要道的限行信息等都是通过对交通大数据的分析实现的，如图 4-37 所示。大数据助推了智能交通系统的发展。

图 4-37　智慧交通显示屏

智能交通系统综合利用了计算机技术、通信技术、人工智能技术、电子传感技术等，建立了基于整个地面交通管理的大规划、全方位、实时高效的综合交通管理系统。智能交通系统包含信息数据采集模块、数据分析模块、数据处理模块。

在智能交通系统中，数据采集模块是采集大量的车辆、道路、停车场等多种交通信息，包含静态及动态的数据。数据分析模块是根据采集到的图像视频数据，对其进行全面细致的交通分析，再借助数据挖掘技术及神经网络技术和人工智能技术进行智能计算，从而得到需要的交通数据。数据处理模板中，一方面是通过分布式数据处理技术处理实现决策支持，如对交通事故的实时探测及信息配时的优化；另一方面是通过动态交通数据处理技术，提供交通异常行为分析、交通短时预测等能力，客观分析交通现状，科学制订处理方案。

2. 基于大数据的综合健康服务平台

在公共卫生领域，流行疾病管理是一项关乎民众身体健康的重要工作。在发现流行疾病时，需要追述感染者的行踪轨迹，判断疾病的传染范围等。基于大数据的综合健康服务平台可以通过网络搜索通信大数据，使用大数据分析技术，分析疾病的传播范围及传播趋势，为下一步的预防及治疗提供参考。同时综合健康服务平台通过大数据技术与物联网技术，实现患者、医疗人员、医疗服务提供商、保险公司等的协同、互联，能让患者体验一站式的医疗、护理、保险服务。

大数据行程卡、健康码是综合健康服务的一个典型应用。新型冠状病毒疫情期间，针对新型冠状病毒毒性强、传播速度快、传播范围广等特点，为了能快速追踪亲密接触人员，快速发现隐藏的传播风险，开发了通信行程卡小程序、健康码小程序。通信行程卡通过获取用户手机所处的基站位置、采集信令数据、自动化传输和处理数据，从而记录用户的行踪数据信息，对于到达中高风险地区的用户，通过改变行程卡记录实现数据监控，如图 4-38 所示。健康码实现动态疫情监控，根据大数据判断个人的行动轨迹，从而判断感染风险，对于健康、有感染风险等情况的用户对其健康码打上不同的颜色，实现对重点人群的数据监控。

图 4-38　通信大数据

实践真知

大数据的应用非常广泛，除上述领域的应用外，在其他领域也有较多应用，请查询相关信息，将各领域的应用案例填写在表 4-10 中。

表 4-10 大数据应用案例

应用领域	应用案例	应用情况说明
教育领域		
金融领域		
生活领域		
旅游领域		

检 查

一、填空题

1. 大数据在农业中的应用案例很多，如________、________。
2. 大数据在工业中的应用案例很多，如________、________。
3. 大数据在服务业中的应用案例很多，如________、________。
4. 百度的热搜榜数据，其数据处理方式为________。
5. 电商平台都有数据分析工具，如淘宝平台中有________、________等（任意写出 2 个即可）。

二、判断题

1. 美团是对数据进行及时处理，向用户精准推送数据。 （ ）
2. 在教育领域，需要对学生每学期的学习大数据进行分析，可以采用离线数据处理方式。 （ ）
3. 在教育领域，可以通过分析学生的学习大数据了解学生的学习效果。 （ ）
4. 在智能交通领域，可以通过监控实时数据了解城市交通情况，从而为交通的管理提供参考。 （ ）
5. 不是所有的行业都能使用大数据。 （ ）

评 价

根据学习情况自查，在对应的知识点认知分级栏中打“√”。

序号	评价内容	识记	理解	应用	分析	评价	创造	问题
1	大数据的发展趋势							
2	大数据在工业中的应用案例							
3	大数据在农业中的应用案例							
4	大数据在服务业中的应用案例							
教师诊断评语：